메타버스, 너 때는 말이야

메타버스, 너 때는 말이야

지은이 정동훈
펴낸이 임상진
펴낸곳 (주)넥서스

2판 1쇄 발행 2022년 2월 25일
2판 3쇄 발행 2022년 12월 20일

출판신고 1992년 4월 3일 제311-2002-2호
10880 경기도 파주시 지목로 5
Tel (02)330-5500 Fax (02)330-5555

ISBN 979-11-6683-230-7 44500

www.nexusbook.com

청소년 미래 생존 프로젝트 -2

메타버스,

정동훈 지음

▶유튜브 와 함께 보는 청소년을 위한 메타버스 이야기

너 때는 말이야

넥서스

디지털 트랜스포메이션 시대의

주인공이 될 석현과 석찬에게

이 책을 바칩니다.

PROLOGUE

디지털 트랜스포메이션 시대의 주인공인 여러분을 위한 이야기

우리가 살고 있는 사회는 보이지 않지만 빠르게 변화하고 있습니다. 특히 기업은 그 속도가 가장 빠르죠. 왜 그럴까요? 한 해의 성과가 매출액과 순이익, 시장 점유율 등 숫자로 드러나고, 숫자의 결과가 그대로 기업의 흥망으로 연결되기 때문입니다. 소비자로부터 외면받는 순간, 기업은 매출이 줄고 이익이 감소하며 결국 주가가 폭락합니다. 기업이 망하게 되는 거죠. 이런 일은 순식간에 벌어집니다. 30년 전과 20년 전, 그리고 10년 전의 100대 기업을 비교해보면 그 변화를 알 수 있습니다. 국내와 해외를 구별할 필요 없이 모두 동일합니다.

그러나 이 책의 독자층인 MZ세대는 그 변화를 잘 느끼지 못합니다. 여러분의 일상이 학교를 벗어나지 못하기 때문이죠. 학교는 30년 전이나, 10년 전이나, 지금이나 별 변화가 없는 것 같습니다. 답답한 교실에서 선생님은 일방적으로 학생을 가르칩니다. 학생과 선생님 모두가 첨단 기기인 스마트폰을 갖고 있지만, 스마트폰의 사용은 금지하고 책으로만 수업을 진행하죠. 학생들은 좋은 대학을 가기 위해 학교뿐만 아니라 학원에서 밤 늦은 시간까지 공부를 합니다.

대학에 들어가서도 이러한 행태는 동일하게 벌어집니다. 좋은 회사에 들어가기 위해서 도서관에서 공부를 하죠. 초등학교에 들어가는 순간부터 대학을 졸업하는 순간까지 암기의 연속입니다. 이러한 공부 방법은 30년 전이나 지금이나 똑같습니다. 커리큘럼에도 큰 변화가 없는 것 같습니다. 50대인 제가 학창 시절일 때나 지금이나 큰 차이를 못 느끼겠습니다. 빅데이터와 인공지능이 기반이 되는 4차 산업혁명 시대를 맞이하는 우리에게 이러한 현실은 마땅히 받아들여야 하는 당연한 것들일까요?

청소년 미래 생존 프로젝트 〈너 때는 말이야〉 시리즈는 우리

MZ세대에게 지금이 얼마나 강력한 변혁의 시대인지를 알려드리기 위해 기획됐습니다. MZ세대 여러분들이 학교에 머물거나 일상 생활에 빠져있다 보면 자칫 시대의 변화를 체감하지 못할 수가 있습니다. 앞서 말했듯이 학교는 변화에 둔감한 곳이고, 여러분의 일상에서 최첨단 기술을 경험하기가 쉽지 않기 때문이죠. 그러나 여러분이 느끼든 못 느끼든 세상은 정말 무섭게 변하고 있습니다.

5G와 데이터, 그리고 인공지능이 만드는 4차 산업혁명 시대가 다가오고 있습니다. 〈너 때는 말이야〉 시리즈는 바로 이러한 기술이 만드는 디지털 트랜스포메이션을 다루고 있습니다. 이 책은 다양한 분야에서 현재 진행되고 있는 디지털 트랜스포메이션의 사례를 소개함으로써, MZ세대가 자신의 꿈을 이루는 데 도움을 주기 위해 만들어졌습니다.

첫 번째 주제였던 미디어에 이어, 두 번째 책은 5G 시대에 우리가 경험할 다양한 미디어와 콘텐츠인 메타버스(Metaverse)를 다루고 있습니다. 2021년 대한민국에서 가장 많이 언급된 용어 중 하나가 바로 메타버스였습니다. 정치, 경제, 사회, 문화 등 모든 영역에서 메타버스는 미래를 나타내는 기술이자, 콘텐츠이며, 공간으로 제시됐습니다. 개인적으로 약 20여 년 동안 이쪽 분야를 연구해왔기 때문에 매우 환영할 만할 현상이기도 했지만, 동시에 불안감을 감출 수도 없습니다. 현재의 기술에 비해 언급되는 예는 너무나 먼 미래의 이야기이기 때문입니다. 즉 한 때의 유행처럼 불타오르다가 갑자기 사그라질 수도 있다는 의미입니다.

메타버스가 설명하는 사례는 새로운 것이 아닙니다. 2020년까지 실감 미디어, 실감 콘텐츠, 확장현실이라는 용어를 사용한 사례들이 모두 메타버스란 이름으로 제시되고 있습니다. 사실 메타버스가 중요한 것은 콘텐츠나 미디어 영역보다는 경제적 이유 때문입니다. 메타버스가 이전의 게임과 같은 사이버 공간과 달리, 현실 공간처럼 인간이 생활 할 수 있는 공간이 되기 위해서는 블록체인 기반의 경제 생태계가 근간이 되기 때문입니다. 그래서 비트코인과 이더리움과 같은 코인 생태계가 중요한 것이고, NFT(Non-Fungible Token)와 같은 스마트 거래(smart contract)가 중요합니다.

메타버스가 다루는 영역이 너무나 넓다 보니, 책 한 권으로 이 모든 것을 담는 것은 불가능합니다. 그래서 블록체인과 관련된 내용은 향후 발간될 《블록체인, 너 때는 말이야》에서 다루고, 이 책에서는 콘텐츠에 집중하려고 합니다. 그러나 그렇다고 해서 메타버스 공간을 단순히, 제페토나 이프랜드, 게더타운과 같은 곳으로 한정하면 안됩니다. 그보다 더 중요한 것은 게임 엔진이 만든 세상일 수 있습니다.

더 이상 카메라를 들고 나가 영상을 찍고 편집을 해야 하는 것이 주류가 아닌 시대가 올 것입니다. 실감 콘텐츠를 만들기 위해서 3D 스캐닝과 모션 캡처, 그리고 게임 엔진을 사용하고, 배우는 인간이 아닌 디지털 휴먼, 사이버 휴먼이 대신할 날이 곧 다가올 것입니다. 이러한 변혁의 시기에 미디어와 콘텐츠에 관심이 많은 여러분들은 무엇을 준비해야 할까요?

1권 《미디어, 너 때는 말이야》에 이어 2권인 《메타버스, 너 때는 말이야》는 디지털 기술이 적용된 실감 미디어와 콘텐츠의 세계인 메타버스로 여러분들을 안내할 것입니다. 그리고 이러한 현상을 '실감 나게' 파악하기 위해서 유튜브 동영상을 준비했습니다. 보는 것의 중요성은 아무리 강조해도 지나치지 않죠. 동영상을 통해서 직접 보고, 변화하는 현실을 직시하기 바랍니다. 또한 MZ세대의 눈높이에 맞는 글을 쓰려고 했습니다. 이를 위해 여러분들 또래인 김명지, 김효리, 박현수, 이서윤, 이영현 학생이 이 책의 모든 내용을 꼼꼼히 읽고, MZ세대에게 가장 적합한 단어, 문장, 예시를 사용하도록 조언을 주었습니다. 이 책이 나올 수 있도록 많은 도움을 준 친구들에게 헤아릴 수 없는 고마운 마음을 전합니다.

이 책은 제 두 아이인 고등학생 석현이와 중학생 석찬이, 그리고 제가 가르치는 학생들에게 평소에 한 이야기를 모은 글입니다. 아이들과 집에서 한 이야기이기도 하고, 수업 시간에 학생들에게 한 강의이기도 합니다. 제가 할 수 있는 모든 정성과 노력을 이 책에 담아 독자 여러분에게 전하고 싶었습니다.

부디 이 책을 통해 여러분이 새롭게 펼쳐질 디지털 트랜스포메이션 시대의 주인공이 되기를 간절히 바랍니다. 고맙습니다.

정동훈

차례

PROLOGUE 디지털 트랜스포메이션 시대의 주인공인 여러분을 위한 이야기 006

'가상'과 '3D'가 만드는 메타버스

현실보다 더 실감 나는 가상현실

진짜 같은 가짜를 더 진짜처럼! 021

가상현실 속에서 다시 태어난 '나연이' 023

어떤 목소리든 흉내 내는 코난의 리본, 만들 수 있을까요? 026

페이스북은 페이스미디어로 진화할까요? 029

현실과 가상의 구분이 모호해지는 메타버스를 꿈꾸다

방탄소년단과 친구가 될 수 있는 메타버스 034

돈도 되고, 사회 문제도 해결하는 라이프로깅 038

현실을 복제해서 더 나은 세상으로 만들다 041

'랩터' 타고 등하교하기, 언제쯤 가능할까요? 044

5G 네트워크와 가상현실은 무슨 관계가 있을까요?

아이언맨과 자비스, 5G가 가져올 변화 048

더 선명하게, 더 실감 나게, 더 생생하게! 050

각자의 아바타로 소통하게 될 세상, VR 채팅 053

모임도 가상현실에서… 점점 줄어들 대면소통 056

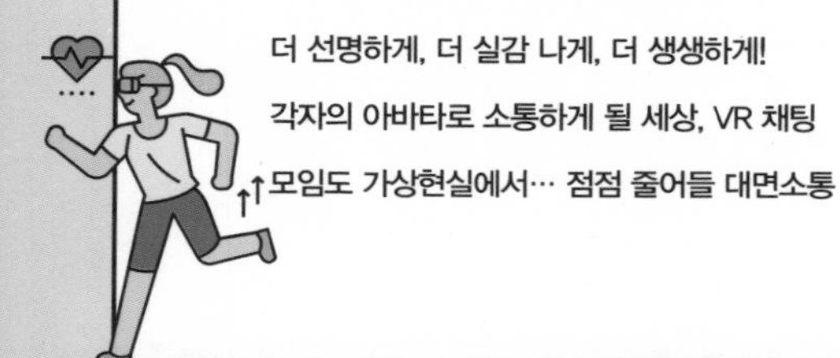

PART 2 가상현실의 확장팩, 확장현실

현실에서 롤(LOL) 캐릭터가 될 수 있다면?

가상현실? 확장현실? 실감 미디어? 무슨 차이일까요? 065

센소라마? 바이브드? 게임 캐릭터 이름인가요? 068

HMD를 쓰고 하는 게임은 전부 가상현실인 이유 071

우리는 언제쯤 가상현실 게임을 집에서 할 수 있을까요? 074

내 방이 소환사의 협곡으로! 더 생생한 혼합현실

'포켓몬 고'는 증강현실일까요, 혼합현실일까요? 078

가상현실은 몰입형 HMD, 혼합현실은 투시형 고글 082

코로나 팬데믹으로 더욱더 각광받는 혼합현실 기술 085

스마트폰으로 즐기는 다양한 혼합현실 088

나는 하츠네 미쿠가 좋아! 실감 콘텐츠의 끝판왕, 홀로그램

홀로그램? 홀로그래피? 뭐가 다른 걸까요? 093

가짜 홀로그램? 유사 홀로그램! 096

영화 〈아이언맨〉에 나온 기술들, 실제로 가능할까요? 100

홀로그램으로 화려하게 부활한 마이클 잭슨 102

PART 3 어떻게 하면 진짜 같은 경험을 할 수 있을까요?

내가 나비인지, 나비가 나인지? 프레즌스의 힘

가장 생생한 느낌을 주는 미디어를 고르다 111

내가 가상현실 콘텐츠 안에 있는 느낌, 프레즌스 114

눈에 꽉 차고, 귀에 빵빵하게! 118

실제처럼 짜릿한 느낌 121

오감을 사용하고, 진짜처럼 반응하라!

HMD를 쓰고 달리고 휘둘러라! 125

다다익선(多多益善) 그러나 과유불급(過猶不及)! 128

일방적으로 주어진 것보다는 내 마음대로 하는 게 좋다 131

인간의 커뮤니케이션을 재현해야 하는 확장현실 133

착각, 왜곡, 착시가 만드는 진짜 같은 가짜

착각을 일으켜라! 137

가상 공간은 창의력의 공간 139

내가 꼭 나일 필요는 없다! 142

가상의 팔다리를 만들어주다 146

PART 4 MZ세대가 만들고, MZ세대가 즐기는 실감 콘텐츠

확장현실, 마냥 좋기만 할까요?

TV를 보다 갑자기 쓰러지다 153

눈은 가상현실 + 몸은 현실 => 사이버 멀미 155

VRUX, 기술과 함께 사용자를 보라! 158

HMD가 나보다 나를 더 잘 알 수 있다? 160

우리 삶으로 들어오는 확장현실

TV는 멀고, 모바일은 가깝다 165

스포츠에 강한 360도 동영상, 쇼핑에 강한 혼합현실 167

갈 길 먼 가상현실, 공연에 특화된 홀로그램 169

다가올 미래에 대한 두려움과 기대 172

게임 엔진 하나면 뭐든지 만들 수 있어

확장현실은 MZ세대를 위해 존재한다 177

게임에서 영화, 가상현실까지 179

사실감, 정교함, 자연스러움을 살리는 게임 엔진 181

언리얼 엔진과 유니티를 배우자 184

참고 문헌 & 그림 및 표 출처 187

본문의 QR코드를 통해 동영상 보는 법

1. 스마트폰에 QR코드를 볼 수 있는 앱을 설치하십시오.
   또는 다음이나 네이버 앱에서도 QR코드를 읽을 수 있습니다.

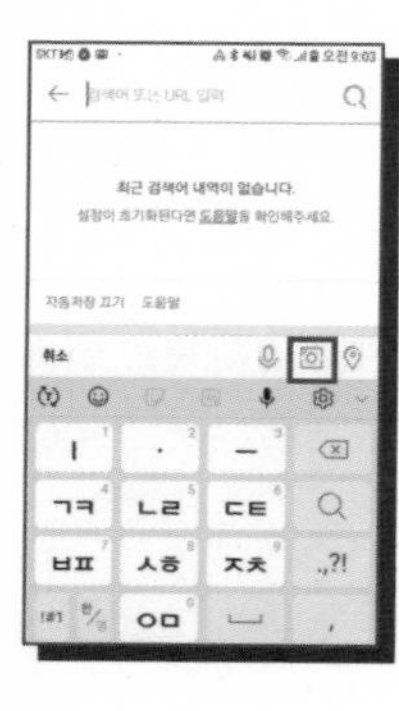

네이버 앱 사용법

① 네이버 앱을 켭니다.
② 검색어 창을 터치합니다.
③ 오른쪽 하단에 있는 카메라 모양의 아이콘을 터치합니다.
④ 카메라가 켜지면 아랫 부분에 'QR/바코드'가 있는데, 이 부분을 터치합니다.
⑤ 책에 있는 QR코드를 비춥니다.

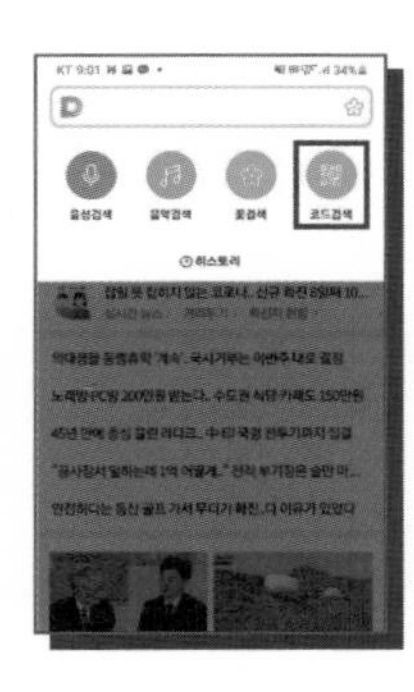

다음 앱 사용법

① 다음 앱을 켭니다.
② 검색어 창 오른쪽에 보면 아이콘이 있습니다.
   아이콘을 터치하세요.
③ 검색어 창 밑에 네 개의 아이콘이 뜨는데,
   이 중 '코드검색'을 터치하세요.
④ 책에 있는 QR코드를 비춥니다.

2. 영어 동영상의 경우 동영상 창에서 '설정 ▶ 자막 ▶ 영어(자동생성됨) ▶ 자동번역 ▶ 한국어 선택'을 하면 한국어 자막을 볼 수 있습니다.

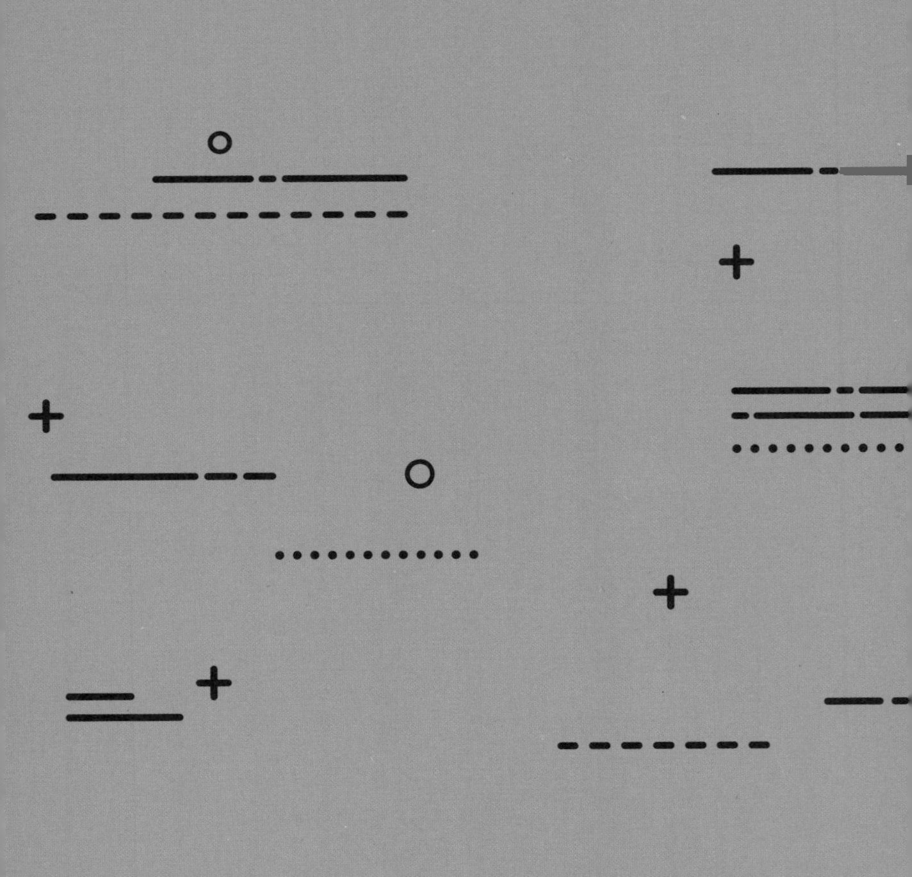

PART 1

'가상'과 '3D'가 만드는 메타버스

현실보다 더 실감 나는 가상현실

▷ 진짜 같은 가짜를 더 진짜처럼!

시인 윤희상이 쓴 〈걸어다니는 무덤〉이라는 제목의 시에는 '일곱 살 된 딸을 가슴에 묻었다'는 표현이 나옵니다. 자식의 죽음을 다룬 수많은 시가 있지만, 이 시는 죽음의 의미를 살아있는 동안 늘 짊어져야 할 무덤으로 표현했습니다. 생각하기조차 싫은 일이지만 자식이 죽는다면 부모는 그 무엇과도 비교할 수 없을 정도로 고통스러울 것입니다. 내 몸보다 소중한 아이, 그 아이가 보고 싶어 부모는 어떻게 살 수 있을까요?

학교를 다닐 나이가 되기도 전인 일곱 살에 하늘나라로 떠나버린 '나연이'라는 친구가 있습니다. 당연하게도 나연이의 부모님은 너무너무 슬퍼했고, 그 모습을 본 한 방송국에서는 생각했습니다. '가상현실(Virtual Reality: VR)'을 이용해 나연이랑 엄마를 만나게 해주면 어떨까?'

이 생각은 실제 현실로 이뤄져, 2020년 2월 6일, 〈너를 만났다〉라는 제목으로 TV에 방영되었습니다. 마치 나연이가 하늘에서 잠깐 엄마를 보러 내려온 것처럼 생생하게 구현된 모습에 나연이의 어머니는 물론 전 국민 모두가 큰 감동을 받았는데요. 나연이가 엄마와 함께 생일파티를 하며 "엄마가 울지 않게 해주세요"라는 소원을 비는 순간엔 많은 이들이 눈시울을 훔쳤습니다.

그렇다면 나연이의 얼굴과 움직임, 목소리와 촉각까지 구현해낸 가상현실 기술은 어떻게 가능했을까요? 전 세계의 관심을 불러일으킨 〈너를 만났다〉는 전체 제작기간 1년, 제작을 시작한 이후 실제 촬영에서 방송까지 9개월 동안 6개 업체와의 협업으로 완성한 작품입니다. "그냥 좋은 꿈을 꾸고 온 것 같은 느낌이었어요"라며 그날을 기억하는 것으로 보아 당사자였던 나연이 엄마 역시 가상현실에서 만난 나연이와의 경험이 나쁘지 않았던 것

같습니다.

이와 같은 가상현실 콘텐츠가 가상현실 전체를 대표하지는 않지만, 가상현실이 갖고 있는 본연의 의미인 진짜 같은 가짜를 더 진짜처럼 경험하게 해준다는 점에서 이 프로그램은 새로운 지평을 열었다는 평가를 받습니다. 〈너를 만났다〉에서 보여준 나연이와의 만남 같은 가상현실 콘텐츠를 만들기 위해서는 실사 영상을 찍는 것에 비해 몇 배는 복잡한 과정을 거쳐야 합니다. 그렇다면 가상현실 콘텐츠에는 어떤 기술적 요소가 담겨 있을까요? 전 세계 시청자의 눈물을 쏙 뺀 53분의 다큐멘터리를 통해 가상현실 콘텐츠를 만드는 과정을 알아볼까요?

▷ 가상현실 속에서 다시 태어난 '나연이'

〈너를 만났다〉를 만들 때 가장 중요하게 고려한 것은 나연이 엄마가 가상현실의 나연이를 진짜 나연이처럼 느끼게 하는 것이었습니다. 여러분이 '피파 온라인' 게임을 하는데 손흥민 선수의 얼굴이 실제 모습과 다르다면 아무래도 실망이 크겠죠?

그래서 제작팀은 엄마가 나연이를 만날 때 진짜처럼 느끼게 하기 위해서 외모, 움직임, 목소리에 신경을 많이 썼습니다. 엄마가 가상현실 속의 나연이에게 긍정적인 첫인상을 갖기 위해서는 '내 딸이구나!'라고 느낄 수 있도록 만들어야 했죠. 그러지 못할 경우, 그 이후의 어떠한 시도도 무의미하게 되기 때문입니다. 따라서 무엇보다도 외모의 정교함(Fidelity)에 가장 공을 들였습니다.

확실한 첫인상을 위해서 나연이의 외모를 만드는 것부터 시작했습니다. 나연이의 외모를 만들기 위해서는 복잡한 과정을 거쳐야 합니다. 먼저 160대의 카메라로 360도를 둘러싼 공간에서 비슷한 나이대 대역 모델의 얼굴과 몸을 동시에 촬영해 나연이의 기본 뼈대를 만드는 3D 스캐닝(scanning) 작업부터 시작합니다. 나연이의 사진과 동영상을 바탕으로 얼굴과 체형, 피부, 표정, 동작 등의 리터칭 작업을 거쳐 나연이와 닮은 3D 모델을 구현하는 것이죠. 이 작업을 통해 가상현실 속의 나연이가 얼마나 똑같이 실제의 나연이처럼 보일 수 있을지 결정됩니다.

나연이의 얼굴과 몸을 구현하기 위해서는 3D 스캐닝 작업이 필요합니다.(그림 1)

이렇게 만든 모델링을 기반으로, 실시간 움직임을 기록하는 모션 캡처(motion capture) 과정이 시작됩니다. 모션 캡처는 자연스러운 몸짓을 만들어내기 위해 필요한 작업인데, 이 기술을 통해 가상현실 속 나연이의 행동이 만들어지게 되는 거죠. 영화 〈아바타〉나 〈캣츠〉를 보면 아바타와 고양이의 얼굴과 몸짓이 마치 사람처럼 자연스러워 보이는데, 이게 바로 모션 캡처를 이용했기 때문에 가능한 것이랍니다. 나연이가 짓는 표정과 걷는 모습 등이 자연스러워 보인 것 역시 모션 캡처가 만들어낸 것이죠.

이후 가상현실의 나연이를 실제 사람처럼 보이기 위한 CG 작업은 더욱 현실적인 감정을 불러일으킵니다. 가상현실 환경은 언리얼 엔진(Unreal Engine)으로 구현했습니다. 언리얼 엔진은 강력한 그래픽 성능과 편리한 인터페이스 등을 장점으로 게임 엔진 산업을 주도하는 2D와 3D 게임 엔진입니다. 게다가 최근에는 실시간으로 결과물을 확인할 수 있는 리얼타임 렌더링(real time rendering)을 지원함으로써 가상현실과 혼합현실(Mixed Reality: MR)이 가져야 하는 즉각적인 상호 작용성을 구현하는 데 적합하게 개발되어 게임뿐만 아니라 가상현실 제작도구로 유니티(Unity)와 더불어 많이 사용되고 있습니다. 제작도구는 실감 콘텐츠를 이해하는 데 매우 중요한 주제이기 때문에 Part

4에서 더 자세히 알아보겠습니다.

▷ 어떤 목소리든 흉내 내는 코난의 리본, 만들 수 있을까요?

생김새는 똑같은데 목소리가 다르다면 진짜 같지 않겠죠? 그래서 목소리의 재현을 위해서도 특별한 작업이 필요합니다. 나연이의 목소리를 만들기 위해서 비슷한 또래의 아이 다섯 명이 각각 800문장씩 녹음을 한 후, 열 시간 분량의 데이터를 만들었습니다. 나연이의 실제 목소리가 1분 정도밖에 남아 있지 않아서, 이 데이터를 딥 러닝(Deep Learning) 엔진을 통해 학습시킨 후 최대한 나연이의 목소리와 비슷하게 만든 것이죠. 학습시킬 수 있는 데이터만 있다면, 목소리는 딥 러닝을 통해 죽은 사람의 음성뿐만 아니라 유명인의 음성 등 누구의 음성도 구현할 수

나연이의 목소리를 만들기 위해 여러 아이들이 녹음에 참여했습니다.(그림 2)

있습니다. 만일 나연이의 목소리가 한 시간 이상 녹음되어 있었다면, 나연이와 완전히 똑같은 음성을 만들 수 있었을 것입니다. 그만큼 인공지능 음성인식 기술은 발전되어 있답니다.

나중에 더 자세히 설명하겠지만, 딥 러닝은 세상에 존재하지 않는 그 무엇이든 진짜처럼 만들어낼 수 있습니다. 데이터만 제공된다면, 그 데이터를 기반으로 스스로 학습함으로써 원하는 결과물을 만들어낼 수 있습니다. 음성뿐만 아니라 이미지나 영상도 가능합니다. 나연이의 목소리 역시 딥 러닝을 사용함으로써, 기존 인공지능 음성에서 느끼던 기계적인 음성이 아닌 자연스러운 톤의 목소리를 만들 수 있었습니다.

다음은 엄마와 커뮤니케이션할 수 있는 능력이 필요하겠죠. 나연이와 똑같은 목소리를 만들었는데, 대화를 할 수 없다면 자연스러운 상호 작용을 할 수가 없을 테니까요. 이번 프로젝트에서 가장 어려운 부분이 바로 커뮤니케이션이었습니다. 얼굴 모양이나 체형, 움직임이나 목소리를 비슷하게 만들 수 있는 기술은 개발되었지만, 아직까지는 인간이 나누는 대화처럼 자연스러운 이야기 흐름을 만들어내는 인공지능 기술은 개발되지 않았기 때문입니다.

사실 커뮤니케이션하는 기술은 이미 여러분도 익숙하게 사용하고 있답니다. 스마트폰에서 종종 사용하는 삼성의 '빅스비'나 애플의 '시리', 구글의 '어시스턴트' 기술이 바로 인공지능 커

인공지능은 학습을 통해 어떤 목소리든 똑같이 구현할 수 있습니다.

뮤니케이션 기술입니다. 인공지능 스피커로 알려져 있는 네이버의 '클로바(Clova)'나 '카카오 아이(Kakao i)', KT의 '기가 지니(GiGA Genie)'나 SKT의 '누구(NUGU)' 역시 동일한 기술입니다. 한 번도 사용해본 적이 없다면 당장 스마트폰을 꺼내서 대화를 해보세요. "지금 날씨가 어때?", "루트 2의 값은 뭐야?"와 같이 사전에 답변할 수 있게 훈련된 문장의 대화는 잘 이루어지지만, 조금이라도 은유적으로 사용되거나 길게 말을 한다면 무슨 말인지 전혀 이해하지 못하는 것을 알 수 있습니다. 가상현실의 나연이 역시 엄마와 나눌 수 있는 대화를 사전에 훈련시켜 짧은 대화만 가능하게 만들었습니다. 아쉽지만 자유자재로 대화할 수 있을 정도의 기술은 아직 한참을 기다려야 할 것 같습니다.

마지막으로 나연이를 만져주고, 안아줄 때 현실감을 높이기 위해서 촉각인식 기구인 가상현실용 장갑을 활용했습니다. 이번에 사용한 장갑은 촉각에 더해서 온도까지 느낄 수 있는 기술을 갖고 있어서, 엄마의 손과 나연이의 손이 맞닿는 순간 체온이 느껴지게 했습니다. 엄마는 가상현실에서 나연이를 보고, 나연이의 목소리를 듣고, 또한 나연이를 만지고 싶어 할 것이라는 생각에서, 온몸을 느끼지는 못하지만 손의 감촉만이라도 느낄 수 있게 하기 위함이었습니다. 별것 아닌 것 같지만 이렇게 하나의 단서(Social Cue)를 제공하는 것은 커뮤니케이션에서 매우 중요한 역할을 합니다. 가상현실이 단지 눈으로만 즐기는 것이 아닌 인간의 오감을 활용해야 하는 이유입니다.

▷ 페이스북은 페이스미디어로 진화할까요?

다큐멘터리 〈너를 만났다〉를 만든 목적은 엄마에게 '좋은 기억'을 만들어주기 위해서였습니다. 나연이에게 생일 미역국을 차려주지 못한 게 한이었던 엄마를 위해 마음 한편의 응어리를 풀어주고 싶었습니다. 그리고 가상현실은 엄마가 나연이에게 가장 해주고 싶은 선물을 만들어주었습니다. 자, 그렇다면 나연이 엄마에게 가상현실 기술은 '좋은 기억'을 만들어준 '좋은 도구'였을까요?

짧은 시간이었지만 나연이 엄마에게 가상현실은 나연이와 함께한 소중한 공간으로 느껴졌을 것입니다. 과거의 기억을 바탕으로 존재하지 못하는 현재를 만든 공간인 것이죠. 그동안 나연이의 사진이나 장난감, 입던 옷을 갖고 나연이를 그리워했다면, 가상현실 속에서는 예전에 함께했던 공간에서 나연이를 보고, 대화하며, 생일을 축하했기 때문에 마치 실제처럼 느낄 수 있게 된 것입니다. 나연이의 모습을 보고, 나연이와 대화하며, 심지어 나연이의 손을 만지는 경험을 함으로써, 가짜지만 진짜 같은 가상현실 공간이 나연이 엄마에게는 실재하는 현실처럼 느껴진 것입니다.

이렇게 실감 나게 하는 미디어를 통칭해서 실감 미디어(Immersive Media) 그리고 실감 미디어로 즐기는 콘텐츠를 실감 콘텐츠(Immersive Content)라고 부릅니다. 가상현실뿐만 아니라 혼합현실, 홀로그램(Hologram) 등 최근에 소개되는 많은 기술이 바로 실감 미디어입니다. 실감 미디어는 최신 기술을 바탕으로 정교한 스토리텔링을 통해 진짜 같은 경험을 부여함으로써 몰입감을 극대화하는 것을 목적으로 합니다.

몰입감을 극대화하는 것이 목표이다 보니, 가상현실은 다양한 분야에서 활용되고 있습니다. 일반인이 접할 수 있는 경우는 기껏해야 게임과 같은 엔터테인먼트 분야지만, 이미 많은 산업 분야에서 가상현실을 적극적으로 차용하고 있습니다. 대표적인 예가 실제로 경험하기 힘든 환경을 구현하거나, 실제로 경험할 때 비용이 많이 들 경우죠. 가상현실은 현실에서 수행하기 곤란한 과업을 실행할 수 있는 우주나 심해 탐험, 그리고 비용이 많이 드는 의료 시술, 항공기 운행이나 군사 훈련 같은 상황을 재현하는 데 유용합니다. 또한 손님을 맞이하는 서비스업의 경우는 직원들에게 고객을 맞이하는 훈련을 하기 위해서 활용되기도 합니다. 훈련용 환경을 만든 후에 반복적으로 활용함으로써 실제 상황에 대처할 때 효과를 높이는 것이죠.

이러한 이유로 글로벌 기업에서는 자사의 전통적 산업을 실감 미디어 분야로 확장하는 데 적극적입니다. 예를 들어 협업을 위한 솔루션 개발에 강점이 있는 마이크로소프트는 홀로렌즈(HoloLens)라는 고글을 통한 공동 작업 환경을 만드는 데 공을 들입니다. 반면 '관계'라는 인간의 기본적인 욕구를 잘 반영한 소셜 미디어(social media) 기업인 페이스북은 자신의 생각과 정보를 공유하면서 새로운 인간관계를 만들거나 지속·발전시키는 환경을 제공하려고 합니다. 그래서 만남의 공간을 가상현실로 만들고, 이곳에서 오큘러스 리프트(Oculus Rift)와 같은 헤드마운트 디스플레이(Head-Mounted Display: HMD)를 쓰고 사용하게끔 준비하고 있습니다.

고객 응대 직원을 훈련하기 위해 개발된 로봇. 이 로봇도 역시 실감 미디어입니다.

최근에는 이 모든 것을 메타버스(Metaverse)로 설명하고 있습니다. 나연이 엄마가 나연이를 만난 가상현실도, 가상의 공간에서 선생님과 학생이 만나서 하는 교육 공간도 모두 메타버스라고 하죠. 가상현실 게임도 메타버스고, 직접 수술을 하기 힘든 의대생이 홀로렌즈나 HMD를 착용하고 하는 수술 실습도, 가상으로 만든 공간을 뛰어다니며 사격 훈련을 하는 군사 훈련도 역시 메타버스라고 말합니다. 아, 아무래도 여러분한테는 제페토(Zepeto)나 이프랜드(ifland)와 같은 플랫폼, 또는 로블록스(Roblox)나 마인크래프트(Minecraft)와 같은 게임이 더 익숙하겠군요. 물론 이러한 것들도 모두 메타버스라고 합니다. 디지털과 관련된 것들을 메타버스라고 하니, 대체 메타버스 아닌 것은 무엇일까 궁금하기까지 합니다. 대체 메타버스는 무엇일까요?

이 책에서는 메타버스에 대한 설명을 시작으로, 메타버스에 속하는 가상현실, 혼합현실, 증강현실, 확장현실, 홀로그램 등 다양한 기술과 콘텐츠에 대한 이야기를 하려고 합니다. 그리고 여러분이 메타버스 분야의 전문가가 되기 위해서 무엇을 준비해야 하는지 알아보도록 하겠습니다.

콘텐츠의 힘, 스토리텔링

'가상현실' 하면 기술이 가장 중요할 것 같은데, 이에 못지않게 중요한 것이 스토리텔링(Storytelling)입니다. 콘텐츠에 관심이 있는 여러분들에게 꼭 해주고 싶은 말 중 하나는 기술이 아무리 발전한다고 하더라도 콘텐츠의 핵심은 스토리텔링이라는 점을 잊지 말라는 것입니다.

앞서 소개한 나연이 이야기 역시 무엇보다도 섬세한 스토리텔링이 돋보인 작품이었습니다. 3D 스캐닝을 하고, 모션 캡처로 영상을 찍고, CG로 그럴듯하게 만드는 것이 기술의 역할이라면, 이렇게 만들어진 나연이와 엄마가 어떤 의미를 만들 것인가를 결정짓는 것은 스토리텔링이죠. 결국 가상현실 역시 하나의 콘텐츠이기 때문에 목표하는 가치를 잘 전달하기 위한 잘 짜인 기획이 필요합니다. 이 모든 것이 스토리텔링이죠. 세심한 스토리텔링을 통해 사용자에게 다가갈 때에만 콘텐츠는 그 가치를 인정받을 수 있습니다.

가상현실 환경에서 몰입감을 높이기 위한 다양한 요소가 있습니다. 물리적으로는 해상도를 높이고, 정교함을 보여야 함과 동시에 사용자가 몰입할 수 있는 인구통계학적, 심리적 요소들을 준비하는 것도 필요합니다. 좋은 콘텐츠는 바로 이러한 인구통계학적, 심리적 요소를 잘 활용해서 스토리텔링을 한 것입니다. 가령, 나연이의 경우는 엄마의 기억을 활용해 나연이가 좋아하던 옷과 신발을 그대로 구현했고, 배경이 되는 장소 역시 엄마와 나연이의 추억이 남아있는 곳으로 설정했습니다. 이처럼 하나의 상황을 만들어내기 위해 기술적 요소에 더해진 스토리텔링은 몰입감을 증가시킵니다. 그래서 작가와 연출자는 가상현실 시대에도 변하지 않을 가장 중요한 자리입니다.

현실과 가상의 구분이 모호해지는 메타버스를 꿈꾸다

▷ 방탄소년단과 친구가 될 수 있는 메타버스

2020년부터 갑자기 메타버스란 말이 유행처럼 번졌습니다. 방탄소년단(BTS)은 게임 플랫폼 '포트나이트'에서 '다이너마이트' 안무 뮤직비디오를 공개하고, 블랙핑크는 제페토에서 '아이스크림' 3D 아바타 안무 영상을 공개했습니다. 그들의 버추얼 팬 사인회는 4,600만 명을 모을 정도로 떠들썩했습니다. 언론은 이러한 모든 활동을 메타버스에서 벌어진 활동으로 이야기하며 새로운 공간의 탄생을 떠들썩하게 알렸습니다. 그전에는 증강현실, 가상현실이란 용어를 쓰고, 실감 미디어와 실감 콘텐츠의 시대라는 표현도 썼지만, 메타버스는 더욱 포괄적 개념으로 언급되기 시작했습니다.

메타버스를 설명하는 데 사용하는 일반적인 정의는 2007년에 소개된 미국미래가속화연구재단(Acceleration Studies Foundation: ASF)의 보고서에서 유래합니다(Smart, et al., 2007)[1]. 사실 저도 연구자로서 저만의 관점으로 메타버스를 분석한 논문을 2021년 9월에 출판했습니다(송원철, 정동훈, 2021)[2]. 그러나 언론이나 기업에서는 ASF의 정의를 통해 메타버스를 주로 설명하기 때문에 먼저 이것에 대해서 알아보도록 하겠습니다. 그리고 제가 설명하는 메타버스는 《인공지능, 너 때는 말이야》에서 다루도록 하겠습니다.

ASF는 인터넷의 미래를 연구하는 메타버스로드맵(MetaVerse Roadmap: MVR)이라는 프로젝트를 진행했는데, 이 프로젝트는 특히 가상화(Virtualization)와 3D 기술에 중심을 두어 2017년에서 2025년까지 발생할 미래에 대해 예측을 했습니다. 여기에서 새로운 사회적 공간으로 제시한 것이 바로 메타버스죠. 비록 메타버스란 용어는 스티븐슨(Stephenson, 1992)[3]의 책에서 인용했지만, 그 정의는 몰입 가능한 3D 가상 세계뿐만 아니라, 가상 환경을 구성하고 상호 작용하는 모든 것을 포

함하는 것으로 확대됐습니다. 보고서는 메타버스를 '가상으로 강화/확장된 현실 세계(Virtually enhanced physical reality)'와 '현실처럼 지속하는/영구화된 가상 공간(Physically persistent virtual space)의 융복합된 공간'으로 정의합니다. 말이 어렵죠? 더 쉽게 설명해보겠습니다.

먼저 3D는 우리가 두 눈으로 보는 입체적 차원이라고 이해하면 됩니다. 스마트폰 스크린이나 컴퓨터 모니터는 2D입니다. 평면이죠. 그래서 공간 지각을 할 수 없습니다. 3D는 바로 공간 지각을 가능하게 합니다. 즉 거리감을 느낄 수 있죠. 그래도 이해가 안된다면 재미있는 실험을 한 번 해볼까요?

한 손에 펜을 들고 다른 한 손으로 이 펜을 잡아보세요. 전혀 문제될 것이 없죠? 그러면 이번에는 한쪽 눈을 감아보세요. 그리고 펜을 잡아보세요. 펜이 어느 정도의 위치에 있는지 거리감을 느낄 수가 없죠? 우리가 거리를 측정할 수 있는 것은 눈이 두 개이기 때문입니다. 3D는 바로 이러한 거리감을 측정할 수 있는, 더 넓게 말해서 입체 지각을 가능하게 만듭니다. 모니터의 세계가 아닌, 현실 세계와 같은 경험을 부여하는 것이죠. 그래서 현실 세계와 같이 사물을 볼 수 있으려면 3D는 필수 요소가 되는 겁니다.

'가상으로 강화되거나 확장된 물리 세계'는 일종의 혼합현실로 이해할 수 있습니다. 우리가 사는 실제 세계에서 가상성을 더함으로써 더욱 실감 나는 경험을 촉진하는 것이죠. 이에 관한 하나의 예는 헤드업 디스플레이(Head-Up Display: HUD)를 들 수 있습니다. HUD는 운전자가 보는 전면부 유리 아래쪽에 네비게이션이나 속도 등 원하는 정보를 띄워 놓음으로써 운전을 하는 데 도움을 주는 역할을 합니다. 실제 세계에서는 볼 수 없는 정보지만, HUD를 통해 가상의 정보를 확인함으로써 현실적 경험을 증폭하는 것이죠. 혼합현실은 Part 2에서 더 자세히 공부하겠습니다.

'현실처럼 지속하거나 영구화된 가상 공간'은 아직은 구체적인 사례로 제안할 만큼 성공 사례가 존재하지 않습니다. 메타버스의 장점을 이러한 특징으로 주로 주장하고 있지만, 일종의 잠재적 능력으로 미래에 구현될 것이라는 막연한 추측 또는 소망을 담고 있어서 아직은 현실성이 떨어집니다. 우리가 사는 삶의 공간이 가상 공간까지 확장되어, 현실과 가상의 구분이 모호해지는 경험을 가정하고는 있지만, 실제로 그러한 경험을 하기위해서는 정말 많은 시간이 필요합니다. 그래서일까요? 현재 소개되는 메타버스에 대한 전망과 예측이 소설이나 영화처럼 비현실적으로 그려지는 것 같습니다.

▷ 돈도 되고, 사회 문제도 해결하는 라이프로깅

이처럼 메타버스의 정의는 매우 넓은, 단일한 개념으로 설명할 수 없는 개념적 모호함을 내포하고 있습니다. 보고서에서는 우리의 삶과 함께하고, 우리가 사는 환경에 녹아 드는 다양한 개념으로 정의하는데, 무엇보다도 3D 환경을 강조하고 있죠. 요약하면 메타버스는 가상 공간일 뿐만 아니라, 우리가 사는 현실 세계와 가상세계를 연결하는 연결고리이자 교차점이고, 가상 공간과 현실 세계가 결합하고, 융합하며, 상호 작용하는 공간을 말합니다.

ASF는 가상 세계, 거울 세계(Mirror Worlds), 증강현실, 라

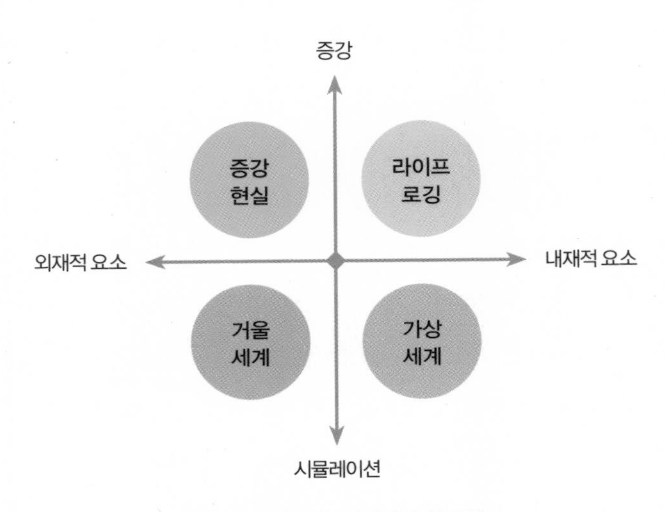

메타버스를 설명하는 네 개의 사례(그림3)

이프로깅(Lifelogging) 등 네 개의 구체적 사례를 통해 메타버스를 설명합니다. 가상 세계는 가상현실과 동일한 의미인데, 가상현실과 증강현실은 계속해서 다루기 때문에 여기에서는 라이프로깅과 거울 세계만 설명하겠습니다.

ASF는 라이프로깅을 디지털로 저장되고 접근 가능한 기록물로 정의합니다. 여기서 말하는 기록물이란 직접적인 경험을 통해 만들어낸, 사물과 사람의 기억, 관찰, 의사소통과 행동 등 일상을 기록한 모든 것을 의미합니다. 쉽게 얘기하면, 우리 몸에 카메라를 달아서 우리가 보는 모든 것을 기록하는 것을 말합니다.

라이프로깅은 센서가 수집한 일상생활의 데이터를 수집, 처리, 반영하는 과정입니다. 일상생활 데이터는 주로 사용자가 착용한 웨어러블 센서가 수집하지만, 사용자를 둘러싼 다양한 센서에 의해서 수집된 데이터도 포함될 수 있습니다(Gurrin, et al., 2014)[4]. 예상하겠지만 라이프로깅을 하기 위해서는 다양한 종류의 기술을 필요로 합니다. 먼저 소형이면서도 저렴한 센서가 필요합니다. 정확한 위치 정보를 파악하는 GPS가 내장된 센서로 데이터를 정확하게 수집해야 합니다. 수집된 데이터를 저장할 스토리지가 있어야 하고, 이 데이터를 서버에 보내는 통신 기술도 필요하죠. 결국, 라이프로깅의 의미는 스쳐 지나가는 우리가 보고 듣고 경험하는 것을 디지털로 기억하고 언제 어디서든지 원할 때는 그 기록물에 접근해서 사용할 수 있는 것으로 설명할 수 있습니다.

라이프로깅이 주목받은 이유는 기록된 정보가 다양한 목적으로 활용될 수 있기 때문입니다. 정보가 가치를 갖는 것이죠. 예를 들어 특정 지역에서 사람들이 어떤 행동을 주로 하고, 이를 분석해서 어떤 물건을 팔면 가장 이익을 극대화할 수 있을지 알 수 있습니다. 사건 사고를 막을 수도 있지 않을까요? 사람들이 직선 거리를 가지 않고, 살짝 빗겨 간다면, 그 지점에 무엇인가 피해야 하는 것이 있기 때문이라고 추정할 수 있겠죠.

라이프로깅은 내가 좋아하고 원하는 정보만 받을 수 있도록, 그리고 정반대로 내가 싫어하고, 원치 않는 정보를 회피할 수 있게 활용될 수 있습니다. 또한, 라이프로깅은 단지 사물이나 정보에 그치지 않고, 내가 좋아하는, 함께 있고 싶은 사람과

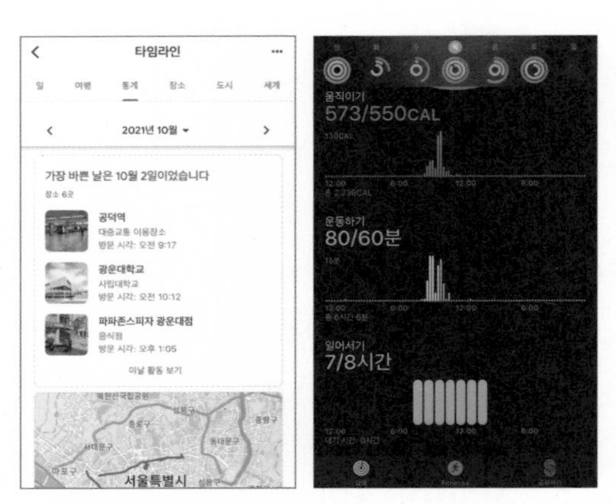

어디를 가고 무엇을 했는지 디지털 정보로 저장됩니다(그림 4)

의 접촉을 증가시키고, 그 반대의 경우를 최소화하는 시스템의 제공으로 나의 현재를 더욱 풍요롭게 만들 수도 있죠. 식습관이나 생활 태도를 분석해서 의료 정보로도 활용할 수 있겠죠? 이런 의미에서 라이프로깅은 현실을 더욱 풍요롭게 만드는 메타버스로 존재하게 됩니다.

지금은 비록 그 가치를 평가하기 힘들다고 하더라도, 기록되고 보존된 데이터는 언젠가는 유용할 것이라는 기대가 있습니다. 이러한 가치 평가는 빅데이터의 그것과 같습니다. 하루에 수억 바이트씩 쌓이는 데이터는 비록 지금은 아무 쓸모 없이 보일 수 있지만, 데이터의 의미를 파악할 수 있는 수준이 된다면 쓰레기처럼 버려진 데이터는 황금알을 낳는 거위가 될 수 있습니다.

▷ 현실을 복제해서 더 나은 세상으로 만들다

거울 세계는 말 그대로 현실 세계를 거울처럼 그대로 복제해 디지털 형태로 표현한 세계를 말합니다. 거울 세계는 정보가 풍부한 가상세계이면서 동시에 현실 세계를 그대로 반영하죠. 즉 상상 속의 공간이 아니라는 의미입니다. 이렇게 만들기 위해서는 현실을 그대로 복제할 수 있는 가상 매핑, 모델링, 지리 공간 정보, 위치 인식 기술 등이 필요합니다. 우리가 사는 세상이 그대로 디지털로 만들어져 가상 세계에 존재한다고 이해하면 됩니다.

주의해야 할 점은 거울 세계와 가상현실을 헷갈려 하면 안

됩니다. 거울 세계는 가상현실 기술로 컴퓨터로 구현된다는 점에서 가상의 공간이지만, 복제의 대상이 우리가 사는 세상이라는 점에서 일반적인 가상 세계와 구분됩니다. 즉, 게임은 거울 세계가 아닙니다. 게임은 우리가 사는 세상을 복제한 것이 아니라 창의적으로 만들었기 때문이죠. 핵심은 우리가 사는 공간을 있는 그대로 가상으로 구현했느냐의 여부입니다.

대표적인 사례는 지도 앱 서비스입니다. 우리가 사는 공간을 그대로 디지털 형태로 복제해 지도 서비스로 제공하기 때문에 현실 세계를 그대로 반영하면서도, 각종 주석 도구를 통해 더욱 현실감 있는 정보를 제공하기 때문이죠. 지도 자체가 갖는 풍부한 정보, 가령 교통 통제가 있거나, 사고가 있는 곳, 꽉 막힌 곳을 특정 표시나, 빨간색으로 나타냄으로써 정보를 제공하고, 목적지에 도착하기 위한 더 빠른 경로를 제공하는 것은 대표적

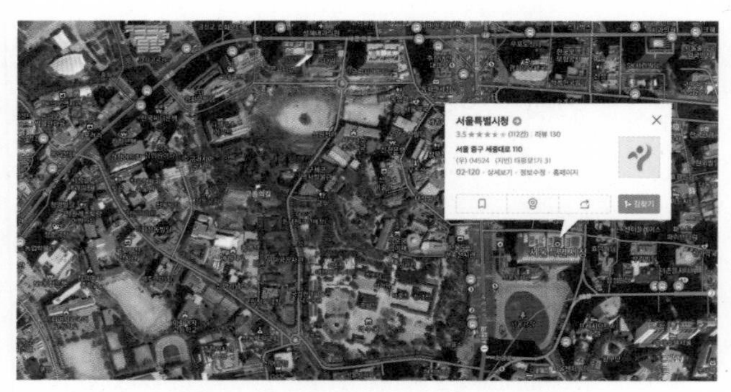

현실 세계를 그대로 복제한 거울 세계인 지도 앱(그림 5)

인 거울 세계의 한 예입니다.

최근에는 거울 세계와 비슷한 개념으로 디지털 트윈(Digital Twin)이란 용어를 더 많이 사용합니다. 디지털 트윈은 물리적인 대상, 혹은 물리적인 대상이 모인 생태계를 실시간, 가상으로 구현한 것을 말합니다(IBM, 2017)[5]. 디지털 트윈은 2010년 나사(NASA)에서 처음 발표한 개념(Negri, 2017)[6]인데, 나사는 당시 우주정거장의 실시간 디지털 버전을 지상에서 구현하여 문제가 발생할 때 이를 진단하기 위해 사용했죠.

우주정거장에 머무는 사람은 몇 명 안 되기 때문에 우주정거장에서 발생하는 모든 문제를 해결할 수는 없겠죠. 따라서 문제가 발행할 때 지상에 있는 전문가가 문제를 해결해서 우주인에게 전달하는 것이 합리적일 겁니다. 원활한 커뮤니케이션을 위해서, 그리고 정확한 문제점을 파악하기 위해서 가장 좋은 방법은 우주정거장을 그대로 복제해서 만든 다음에 우주인이 이야기하는 것을 그대로 재현하는 것이 아닐까요? 이를 통해 문제를 해결하는 것이죠.

이후 IT 컨설팅 기업인 가트너(Gartner)가 2017년 기술 동향 발표에서 향후 3~5년간 '수십억 개의 물리적 오브젝트, 혹은 시스템이 동적인 소프트웨어 구현물인 디지털 트윈으로 구현될 것'이라고 예측하면서 디지털 트윈은 본격적으로 주목받기 시작했습니다. 디지털 트윈 관련 기술은 엔진과 같이 복잡한 부품부터 빌딩, 공장, 그리고 도시에 이르는 거대하고 복잡한 대상까지 구현할 수 있는 방향으로 발전되고 있으며, 향후 인간에 대한 디지털 트윈 역시 구현이 가능할 것으로 예측됩니다.

디지털 트윈은 센서를 통해 실제 대상물의 정보를 실시간으로 전달받고, 실시간으로 시뮬레이션하여 실제 대상물이 어떻게 작동할지 판단할 수 있습니다. 이를 통해 잠재적인 에러 발생을 예측할 수도 있고, 실제 대상의 프로토타입을 가상현실에 구현하여 실제 대상을 개발하기 전에 제품 개발용으로 사용할 수도 있죠. 디지털 트윈은 위험을 예방하고, 비용을 절감하는 데 유용하기 때문에 기업에서 적극적으로 도입하고 있습니다.

▷ '랩터' 타고 등하교하기, 언제쯤 가능할까요?

미디어는 고유의 특징이 있습니다. TV와 극장이 다르고, 컴퓨터와 모바일 기기가 다릅니다. 이 말은 미디어의 특징을 이해하고, 그 미디어의 특징에 맞는 최적화된 콘텐츠를 제작해야만 사용자 만족감이 높아질 수 있다는 의미입니다. 즉 메타버스의 기술적 특징이 반영된 콘텐츠라는 전제가 되어야 콘텐츠의 의미가 있는 것이죠.

상호 작용성과 몰입감과 같은 특징을 사용자 경험 측면에서 고려해야 하는데, 대부분 이와는 상관없이 새로운 기술이 나왔다는 이유 하나만으로 무조건 받아들여야 한다고 생각합니다.

가령, 국방부에서 군사 훈련의 효과성을 고려해서 메타버스를 도입하는 것은 합리적이지만, 국방부도 새로운 기술을 받아들이는 데 앞장서고 있다는 것을 홍보하기 위해 메타버스를 도입한다면 이것은 잘못된 결정입니다. 새로운 기술을 채택할 때는 왜 사용해야 하고, 어떻게 사용해야 할지 고려해야 합니다.

그렇다면 메타버스 콘텐츠를 만드는 데 고려해야할 중요한 요소는 무엇일까요? 핵심 가치는 역시 '진짜와 같은 실감나는 느낌'을 갖는 것입니다. '실감 나다'라는 느낌은 단순히 시각적이거나 청각적인 특정 감각의 극대화가 아닌, 우리가 일상생활에서 경험하는 것처럼 보고, 듣고, 만지며, 냄새를 맡고, 맛보는 종합적인 경험이라는 것입니다. 그렇기 때문에 메타버스는 실제 느낌을 극대화할 수 있도록, 특히 인간의 다차원적 감각, 즉 시각, 청각, 촉각, 후각 등에 정보를 전달할 수 있도록 개발되어야 합니다. 최근에 메타버스가 새롭게 부각되는 이유는 바로 기술의 발전이 인간의 다양한 감각을 자극하여 진짜보다 더 진짜 같은 경험을 만들기 때문입니다.

예를 들어볼까요? 시각적 효과를 위해서는 우리가 실제로 보는 것과 같은 깊이감을 제공함으로써 3차원 효과를 일으켜야 하고, 청각은 360도 스테레오 사운드를 제공해야 합니다. 시청각에 멈추는 것이 아니라 촉각과 후각적 경험으로 확대하는 것도 숙제입니다. 장갑과 수트를 통해 전달되는 촉각적 반응을 경험하게 만들고, 상황에 맞는 냄새를 제공해서 실제처럼 느낄 수 있는 환경을 만들어야 합니다. 즉, 메타버스는 사용자가 미디어를 사용하지만 그것조차 잊을 정도로 실감 나게 만들어야 하는 것이고, 이것을 위해서는 인간의 감각을 최대한 활용함과 동시에 인간이 가진 기본적인 속성을 잘 분석해야 합니다.

이런 점에서 최근 가장 각광을 받고 있는 가상현실과 혼합현실로부터 미래의 기술로 소개되는 홀로그래피(Holography), 그리고 일반인도 쉽게 제작할 수 있는 360도 동영상까지 실로 다양한 실감 미디어가 등장하고 있다고 말할 수 있습니다. 현장에서 실제로 느끼는 감정을 고스란히 담아내기 위해 기술공학과 인간공학을 합쳐 더욱 진짜처럼 만들려고 노력합니다.

물론 아직까지 많은 문제가 있습니다. 가상현실과 혼합현실은 HMD를 써야 하는데, 이런 방식은 사용자를 불편하게 합니다. HMD 같은 도구를 사용하지 않고도 입체영상을 실감 나게 감상할 수 있게 한발 더 나간 것이 바로 홀로그램입니다. 홀로그램이란 아무것도 쓰지 않고, 360도 어느 방향에서 봐도 입체영상을 볼 수 있게 해주는 기술입니다. 실감 미디어는 궁극적으로 홀로그램을 지향한다고 볼 수 있습니다. 화면이 필요 없는, 노스크린(No-screen) 시대가 도래할 수 있는 것이죠. 그러나 홀로그램을 즐기기 위해서는 아직도 한참을 기다려야 합니다. 지금까지 소개한 다양한 미디어는 나중에 더 자세히 소개하겠습니다.

새로운 기술과 미디어는 당연히 좋은 것 아닌가요?

무엇인가 새로운 것을 말할 때, 개혁물(Innovation)이라는 용어를 사용합니다. 개혁물이 확산하는 데 중요한 요인 중에 적합성(Compatibility)이 있습니다. 적합성은 개혁물이 갖는 물리적 적합성도 중요하지만, 더 중요한 것은 사용자가 가진 믿음이나 태도, 가치, 경험 또는 필요성 등과 어느 정도 일치하는가 하는 심리적 적합성을 의미합니다. 이러한 심리적 적합성이 개혁물의 채택에 중요한 역할을 하는 것이죠.

새로운 테크놀로지 그리고 미디어가 소개될 때 기술결정론자, 기술개발자, 또는 이를 시장에 소개하고자 하는 부류가 빠지기 가장 쉬운 오류가 바로 친개혁적 편향(Pro-Innovation Bias)입니다. 친개혁적 편향이란 개혁물이 모든 사람에게 확산되고 채택되어야 하며, 확산은 더욱 빠르게 일어나야 하고, 개혁은 재발명되거나 거부되어서는 안 된다는 것입니다. 이를 가상현실에 적용하면, 가상현실은 더 좋은 기술이기 때문에 많은 사람이 사용할 것이라는 믿음이죠. 가상현실은 정말 좋은 기술이기 때문에 당연히 사용해야 하는 것인가요? 기술이 좋다는 것은 정말 사용자에게도 좋은 것일까요?

그보다는 먼저 그 기술을 사용해야 하는 이유가 설득적이어야 합니다. '사용자가 왜 가상현실을 사용해야 하지?'라는 질문을 던져야 합니다. 사용자가 가상현실을 사용하기 위해 그들의 물리적, 심리적 적합성이 충분히 이루어졌는가를 논의해야 하는 것이죠. 가상현실의 기술적 발전은 물론 계속될 것입니다. 그러나 사람들이 이것을 구매할 것인가는 전혀 별개라는 것을 명심해야 합니다. 가상현실뿐만 아니라 모든 기술과 서비스는 사용자 관점에서 바라봐야 합니다.

5G 네트워크와 가상현실은 무슨 관계가 있을까요?

▷ 아이언맨과 자비스, 5G가 가져올 변화

영화 〈아이언맨〉에서 주인공 토니 스타크는 인공지능 컴퓨터 자비스와 말로 커뮤니케이션을 합니다. 자비스는 가상의 범죄 현장을 구성해서 디스플레이가 아닌 허공에 영상을 띄우고, 토니는 그 영상 속에서 범죄 현장을 조사합니다. 토니는 실험실 이곳저곳을 움직이면서 손으로 영상을 마음대로 조작합니다. 또한 토니가 쓴 헬멧 안의 디스플레이에는 필요한 정보들이 표시되고 토니가 입은 슈트는 토니의 심장 박동 수나 부상 정도까지 체크하고 보여줍니다.

몇 년 전부터 가상현실을 이야기하니 이러한 영화 속의 장면을 마치 우리가 곧 경험할 수 있을 것처럼 생각합니다. 그러나 우리가 편리하게 실감 콘텐츠를 즐기기 위해서는 아직 많은 시간이 필요해 보입니다. 그럼에도 불구하고 실감 미디어 시대라고 이야기하며 호들갑스럽게, 마치 곧 주류 미디어가 될 것처럼 이야기하는 데에는 이유가 있습니다. 먼저, 다소 동떨어진 주제 같지만 5G 네트워크에 대해서 이야기할까 합니다. 네트워크와 실감 미디어 사이에는 무슨 관련이 있을까요?

토니 스타크가 범죄 장면을 홀로그램으로 재생하는 장면. 적어도 20년은 지나야 이런 기술을 실제로 볼 수 있을 겁니다.

과거를 돌이켜보면, 3G 네트워크는 스마트폰을, 4G 네트워크는 유튜브와 넷플릭스와 같은 이전에는 존재하지 않은 새로운 산업을 만들었습니다. 마찬가지로 5G 네트워크 역시 이전에는 존재하지 않은 새로운 산업을 만들 것입니다. 초고용량의 정보를 초고속으로, 지연 없이(초저지연), $1km^2$ 반경 안의 100만 개 기기에 연결(초연결)할 수 있는 5G 네트워크가 만들어낼 새로운 융합 서비스는 현재의 우리의 상상력으로 예측이 불가능합니다. 그래서 여러분이 많이 들어본 4차 산업혁명을 이루는 기술 중 가장 중요한 것이 바로 5G 네트워크입니다. 앞으로 우리가 경험할 스마트시티, 자율주행차 등 우리가 상상하는 미래의 혁신 기술은 모두 5G 네트워크를 통해서만 이루어질 수 있기 때문이죠.

이런 5G 네트워크가 가져올 가장 기대되는 산업 중의 하나가 바로 실감 미디어 분야입니다. 가상현실은 360도 전방위에 컴퓨터 그래픽 작업을 한 동영상이 전개되기 때문에 용량이 엄청나게 큽니다. 가상현실 콘텐츠를 멜론에서 음악 듣듯이, 유튜브로 영상을 보듯이 스트리밍 서비스를 하기 위해서는 5G 네트워크가 반드시 필요합니다.

▷ 더 선명하게, 더 실감 나게, 더 생생하게!

글로벌 스포츠 대회는 경연장임과 동시에 기술의 전시장입니다. 올림픽이 그렇고 월드컵이 그렇죠. 2018년 2월에 열렸던 평창 올림픽 역시 선수들은 개인과 조국의 명예를 위해 자신의 기량을 뽐냈습니다. 이와 동시에 개최국인 우리나라는 다양한 ICT(Information & Communication Technology) 기술을 선보이며 전 세계에 첨단 ICT 기술 강국의 면모를 선보였습니다. 평창 올림픽이 보여준 대표적인 첨단 기술을 뽑자면 사물인터넷, 인공지능, 가상현실 등을 들 수 있는데, 이 모든 것을 가능하게 한 것이 바로 5G 네트워크입니다. 5G 네트워크는 기반 기술로써 다른 기술이 원활하게 운영될 수 있게 하는 역할을 하므로 보이지 않지만 그 영향력은 가늠하기 어려울 정도로 크죠.

당시 선보인 몇 가지 방송 사례는 향후 실감 콘텐츠가 어떻게 진행될지 보여줍니다. 가령, 선수 시점의 영상을 실시간으로 보는 '싱크 뷰(Sync View)'를 통해 봅슬레이와 같이 빠르고 역동적인 경기를 더욱 실감 나게 즐길 수 있었고, 카메라 100대를 사용한 '타임 슬라이스(Time Slice)'는 정지 영상을 통해 쇼트트랙과 피겨 스케이팅과 같은 경기의 곡선 주로를 달리는 모습을 다양한 시점에서 더 자세히 볼 수 있었죠. 특히 선수의 시점이나 특정 지점에서 영상을 전송해서 모바일 기기를 통해 사용자가 원하는 영상을 선택할 수 있는 '옴니 포인트 뷰(Omni Point View)'는 사용자 중심 콘셉트로, 향후 가장 적극적으로 활용이 될 것 같습니다. '옴니 포인트 뷰'를 위해 크로스컨트리 선수들의 번호 조끼에 초소형의 정밀 GPS 기기를 부착하고 다수의 카메라를 설치하여 사용자가 경기를 마치 직접 즐기는 듯한 경험을 제공했습니다. 이 모든 것이 5G가 있었기에 가능했던 서비스였습니다.

2018년 4월 27일에 있었던 역사적인 남북정상회담에서도

봅슬레이 경기에서 개인 시점의 고화질 영상 실시간 서비스를 제공한 싱크 뷰(그림 6)[7]

5G가 중요한 역할을 했습니다. 국내외 41개국에서 파견된 360개 언론사 2,850명의 취재진을 위해 일산 킨텍스 프레스센터에는 방송망과 통신망을 위한 28GHz 대역의 5G 기지국이 설치됐습니다. 정상회담 브리핑이 진행되는 판문점 '자유의 집' 브리핑룸에 360도 카메라를 설치해서 판문점에서 있었던 브리핑은 방송뿐만 아니라 5G 네트워크를 통해 360도 동영상으로 실시간 중계가 돼 프레스센터에 전해진 것이죠. 비록 현장에서 취재하지는 못하지만 프레스센터에 있는 내외신 기자들은 HMD를 통해 360도 동영상을 HD(1920×1080 해상도)보다 16배 선명한 8K(7680×4320 해상도)의 초고화질 수준으로 볼 수 있었습니다.

공연은 360도 동영상 콘텐츠가 가장 활발하게 적용되는 분야입니다. 공연 영상은 대체로 청중 시점에서 무대를 보여줍니다. 지루하죠. 사실 더 관심 가는 것은 무대 위, 내가 보고 싶어 하는 공연자의 모습이 아닐까요? 그래서 360도 카메라를 무대 위 곳곳에 설치하는 시도를 합니다. 그런 후 사용자가 알아서 원하는 앵글을 잡도록 만들죠. 공연이 왜 360도 동영상에 적합한지 이해가 된다면, 이 논리를 적용할 수 있는 장르를 360도 동영상으로 찍어 여러분의 실력을 키우면 어떨까요?

360도 동영상은 다양한 정보를 함께 제공하기도 합니다.

5G 네트워크가 전국에 깔리게 된다면 방송사는 360도 동영상 서비스를 적극적으로 시행할 것입니다. IPTV나 케이블 방송뿐만 아니라 유튜브에서도 HMD 전용 360도 동영상 콘텐츠는 더욱 많아질 것입니다. 물론 이때도 '왜 360도 동영상으로 제공해야 하는가?'에 대한 질문을 해야겠죠. 360도 동영상을 제공하기 위해 이전과는 다른 영상 문법과 스토리텔링을 통해 사용자의 주목을 받아야 한다는 의미입니다.

5G 네트워크가 도입이 된다고 해서 단번에 8K 방송 채널이 생기고, 실감 콘텐츠가 넘쳐나게 될 것으로 생각하지는 않지만, 5G 네트워크는 중장기적으로 기존의 패러다임으로는 예측할 수 없는 콘텐츠를 만들어낼 것입니다. 아무도 경험하지 못했던 세상을 보여줄 5G 네트워크 기반 콘텐츠 시장의 미래는 결국 여러분이 만들어갈 미래입니다.

▷ 각자의 아바타로 소통하게 될 세상, VR 채팅

이번에는 5G 시대의 삶에 대해서 살펴볼까요? 실감 미디어는 우리의 삶에도 영향을 미칩니다. 특히 커뮤니케이션 전반에 영향을 미칠 겁니다. 커뮤니케이션의 역사는 가히 인류의 역사라 칭해도 하등 문제 될 것이 없는데, 이는 커뮤니케이션이 인간이 갖는 본능적인 하나의 활동이기 때문입니다. 가장 기본적인 커뮤니케이션 활동은 역시 개인과 개인이 마주하여 언어나 비언어적인 수단을 통해서 자신의 생각을 나누는 대인 커뮤니케이션(Interpersonal Communication)이죠.

대인 커뮤니케이션은 정말 중요합니다. 우리의 인생에서 가장 중요한 능력 하나만 고르라고 하면 저는 바로 대인 커뮤니케이션 능력을 꼽겠습니다. 대인 커뮤니케이션 능력은 사람을 설득하는 능력, 정보를 전달하는 능력, 기쁘게 하는 능력 등 한 사람이 전하는 모든 영향력을 의미합니다. 우리 주변을 보면 어떤 친구는 진중하면서 말 한마디 한마디에 신뢰가 넘치고, 어떤 친구는 어떤 주제의 이야기도 쉽게 전달하는 능력이 있습니다. 유머 능력이 뛰어난 친구도 있죠. 이 모든 것이 바로 대인 커뮤니케이션 능력입니다. 공부를 잘하고 못하는 것과는 다른 능력인 것이죠. 타고난 능력을 부인할 수는 없지만, 이것 역시 꾸준한 노력이 필요한 분야입니다.

요즘처럼 커뮤니케이션을 말하고, 그 중요성을 강조하는 시대는 없었습니다. 사실 1950년대 이후 커뮤니케이션에 대한 관심은 주로 매스 커뮤니케이션(Mass Communication)에 집중됐는데, 그 이유는 신문, 영화, 라디오, 텔레비전 등 새롭게 등장하는 매스미디어의 영향력이 컸기 때문입니다. 미디어에 관심이 많은 여러분들도 마찬가지라고 생각합니다. 일상적으로 늘 접해왔던 TV나 광고 등에 관심을 갖게 된 것이죠. 이러한 매스 커뮤니케이션에 대한 관심은 인터넷이 갖고 온 혁명으로 인해 컴

VR Chat에서 대화하는 모습(그림 7)[8]

퓨터 매개 커뮤니케이션(Computer-Mediated Communication: CMC) 혹은 테크놀로지 매개 커뮤니케이션(Technology-Mediated Communication: TMC)으로 바뀌었고, 디지털 테크놀로지의 발전은 매스 커뮤니케이션 또는 매개 커뮤니케이션을 대인 커뮤니케이션화하게끔 만들었습니다.

스마트폰을 통해 우리는 말하고, 글을 전하며, 영상을 나누면서 마치 개인과 개인이 마주한 것처럼 언어와 비언어적인 수단을 통해서 생각을 나눌 수 있게 됐습니다. 5G 시대에는 어떤 커뮤니케이션을 하게 될까요? 끊김 없이 실시간으로 동영상 회의를 하는 것은 기본이고, 'VR 채팅 플랫폼'에서 아바타를 통해 지인들과 만나게 될 것입니다. 실제로 제가 가르치던 한 학생은 스팀의 'VR Chat'에서 교

환학생으로 한국에 온 외국인을 만나서 영어를 배우기도 했답니다. 최근 많은 인기를 얻고 있는 가상현실 세계 제페토를 스마트폰이 아닌 HMD를 끼고 즐긴다고 생각하면 이해가 쉬울 겁니다. 가상의 공간이므로 만남의 장소는 제한이 없겠죠. 플레이오프 경기가 열리는 야구장이 될 수도, 월드컵 결승전 경기장이 될 수도 있을 겁니다. 무엇을 어떻게 만들어서 사용자의 만족도를 높일 수 있을지 고민하고 만들어나가는 것, 이것이 바로 여러분들이 만들 5G 기반의 가상현실 세계입니다.

▷ 모임도 가상현실에서… 점점 줄어들 대면소통

모든 새로운 기술이 그렇듯 실감 미디어에도 기대와 두려움이 공존합니다. 정부는 '5G+ 전략'을 수립해 5G 시대의 5대 핵심 서비스 중 하나로 실감 콘텐츠를 선정했습니다. 실감 콘텐츠 산업 활성화를 위해 2019년부터 2023년까지 1조 3,000억 원을 투자하고, 연 매출 50억 원 이상의 실감 콘텐츠 전문기업 100개를 키우는 한편 실감 콘텐츠 실무인재 4,700명과 석박사급 고급인재 850명 등 총 5,550명을 양성할 계획입니다. 특히, 국방훈련, 교육, 가상수술, 재난안전 분야부터 집중적으로 육성하려고 합니다.

기업은 어떻습니까? HMD와 같은 기기에서부터 콘텐츠까지, 대기업에서 스타트업까지 많은 기업이 실감 미디어와 실감 콘텐츠 산업에 투자하고 있습니다. 게임이나 실감 콘텐츠 제작 도구인 언리얼 엔진과 유니티 프로그래머는 전 세계적으로 부르는 게 값일 정도로 인력 부족을 겪고 있습니다. 미국의 자료에 따르면, 2019년 관련 일자리 증가세가 전체 시장 대비 6배가 넘을 정도로 수요가 높고, 향후 10년 동안 증강현실은 207%, 가상현실은 189% 정도의 수요가 증가할 것으로 기대하고 있습니다(임영택, 2019.06.18.)[9].

실감 미디어 기술의 발전이 가져오는 미래에 대한 우려도 있습니다. 가상현실로 인해 대인 커뮤니케이션이 더 강화될지 약화될지, 그것도 아니면 새로운 형식의 커뮤니케이션 양식이 탄생할지 궁금합니다. 코로나 팬데믹으로 우리는 이미 온라인 강의와 온라인 근무 등 비대면(contact-free: 언택트) 활동을 경험했죠. 팬데믹 이후 우리의 삶은 과거와는 확연히 달라질 수밖에 없습니다. 모르는 사람과의 접촉을 최소화하려는 경향은 쉽게 사라지지 않을 것입니다. 만일 실감 미디어가 대면 접촉을 보완하는 미디어가 된다면 우리의 삶은 어떤 변화가 생길까요? 직접 대면하기보다는 미디어를 통해 커뮤니케이션을 하다 보면 공동체를 약화시키지는 않을까요?

미디어는 인간의 생활방식과 가치관을 변화시킵니다. 가족이 TV 앞에 앉아 대화를 나누던 저녁 시간은 이제 각자의 공간에서 스마트폰으로 원하는 콘텐츠를 각자 즐기는 일상으로 바뀌었습니다. 누구나 자유롭게 콘텐츠를 생산하고 전파할 수 있는 시대가 되었고, 빅데이터와 인공지능으로 인간의 상상력을 초월하는 결과물도 만들어내는 시대입니다. 현실과 가상의 경계를 무너뜨리는 가상현실은 우리의 생활과 생각을 얼마나 변화시킬까요? 인간의 오감을 자극하는 가상현실은 우리 감각을, 그리고 우리의 생활 태도와 삶의 방식을 어떻게 변화시킬까요? 접촉을 하지 않아도 되는 상황이 지속된다면 우리 사회는 어떤 변화를 겪게 될까요?

새로운 디지털 테크놀로지의 발달은 커뮤니케이션 속성에 많은 변화를 일으켰습니다. 1990년대, 컴퓨터와 인터넷의 확산은 개인의 커뮤니케이션 능력을 시공간적으로 무제한 넓힌 계기가 되었습니다. 이로 인해, 인간 커뮤니케이션은 매스 미디어 그리고 디지털 미디어 영역으로 확장돼서, 이제는 이러한 구분이 불가능한 단계의 상황까지 이르게 되었습니다. 실감 미디어는 단지 영상 콘텐츠를 실감 나게 만드는 것에 그치는 것이 아니라, 개인의 삶과 공동체의 존재 양식의 변화를 가져올 것입니다.

스트리밍 서비스란?

스트리밍이란 파일을 저장하지 않고 실시간으로 음악이나 동영상을 재생하는 기법을 의미합니다. 이 서비스를 이용하면 파일을 다운로드받을 필요 없이, 온라인상에서 클릭만 하면 원하는 방송을 볼 수 있습니다. 유튜브나 트위치, 틱톡 모두 스트리밍 서비스입니다. 스트리밍 서비스가 너무나 당연하게 느껴질 수도 있지만, 대용량 콘텐츠의 경우는 영상의 딜레이가 심하여 사실상 스트리밍 서비스가 어렵습니다.

예를 들어 여러분이 즐겨 보시는 유튜브 화질은 720p 고화질(HD)로 기본 설정이 되어 있습니다. 그러나 코로나 팬데믹 때문에 집에서 머무는 시간이 많아져 이용량이 급증함에 따라, 인터넷망 과부하 사태를 예방하기 위해 전 세계적으로 2020년 3월 24일부터 30일간 기본 화질을 480p 이하의 표준 화질(SD)로 낮춰 서비스를 했었습니다. 유튜브는 재생 중 딜레이 현상을 없애기 위해서, 인터넷 속도와 동영상 플레이어의 화면 크기 등 시청 환경에 따라 화질을 자동 설정해 제공했었는데 이 기간 동안은 무조건 낮은 화질로 설정된 것이죠.

스트리밍 서비스는 이제 동영상에서 게임으로 이동 중입니다. 구글과 NVIDIA, 마이크로소프트는 이미 클라우드 게임이라는 이름으로 서비스를 진행하고 있습니다. 고성능의 게임을 스트리밍으로 즐기기 위해서 무엇이 가장 필요할까요? 스트리밍 서비스의 핵심은 끊김 없는 서비스를 제공하는 것이고, 가상현실이나 게임과 같은 고용량 콘텐츠를 위해서는 반드시 5G가 필요합니다.

디지털이 바꾼 커뮤니케이션 행태 변화의 예는?

디지털 미디어는 전통 미디어와 비교할 때 몇 개의 뚜렷한 특징이 있습니다. 이동하면서 사용할 수 있고, 언제나 연결이 되어 있으며, 상호 작용이 가능합니다. 독자 여러분은 디지털 네이티브(Digital Native)로, 이미 태어나면서부터 디지털 기기와 함께 했기 때문에 너무나 자연스럽게 디지털 미디어의 특징이 익숙하죠. 스마트폰을 생각하면 쉽게 이해할 수 있을 겁니다.

휴대전화가 나오기 전에는 반드시 전화선이 연결된 전화기가 있는 곳에서만 통화를 할 수 있었죠. 서류를 보내기 위해서는 우체국에 가야 했고, 전화선으로 전송하면 다른 쪽에서 그대로 프린트 되는 팩시밀리라고 하는 기기가 가장 혁신적일 때도 있었습니다. 극장에 가거나 텔레비전, 비디오 테이프를 통해서만 영상 콘텐츠를 볼 수 있었고, 라디오 음악 채널이 최고의 프로그램일 때도 있었습니다.

그러나 디지털 미디어의 등장은 많은 것을 변화시켰습니다. 그 중에서 가장 큰 변화는 커뮤니케이션입니다. 언제 어디서나 연락할 수 있고, 누구와도 상호 작용을 할 수 있으며, 참여가 가능했죠. 상호 작용과 참여는 정치, 경제, 사회, 문화 등 모든 것을 바꾸었습니다. 인터넷이 대통령을 만들기도 하고, 댓글이 세계적인 스타를 만들었습니다. 그래서 팬덤은 디지털의 상징이 되었습니다. 미디어 영역에 한정해서 이야기하면, 여러분이 KBS보다 유튜브를 보는 것이, 책보다 게임을 좋아하는 것이 어찌 보면 당연하다는 이야기입니다. 기존에는 수동적 입장의 시청자, 수용자에서 이제는 능동적 입장의 사용자가 된 것이죠. 여러분이 권력을 가졌다는 의미입니다.

유튜브 생중계를 보면, 많은 사람들이 영상을 보면서 댓글을 남깁니다. 그리고 진행자는 그 댓글을 보면서 실시간으로 답변을 하죠. 슈퍼챗을 쏘면, 진행자는 바로 이름을 불러주고 특별히(!) 고맙다는 인사를 합니다. 마치 앞에 있는 사람과 대화를 하는 듯 합니다. 대인 커뮤니케이션 영역에서 이루어진 즉각적인 피드백이 미디어를 사용한 커뮤니케이션에서도 일어나는 것이죠. 일방적으로 다수에게 전달하는 매스(mass) 커뮤니케이션보다, 특정 타깃과 상호 작용하는 내로우(narrow) 커뮤니케이션의 인기가 더 많은 이유입니다.
또한 예전에는 대형 언론사와 방송사만이 뉴스를 통해서 사회에 중요한 의제를 선정하여 전달했지만, 이제는 페이스북과 유튜브와 같은 소셜 미디어를 통해서 개인이 의제를 만듭니다. 즉 사회적으로 이슈가 될만한 이야기를 개인이 판단해서 확산시키는 것이죠. 매스 커뮤니케이션의 주요한 특징 가운데 하나였던 특정 뉴스를 선택하는 게이트키핑(Gatekeeping) 역할이 개인 미디어에서도 일어나는 것입니다.
인플루언서(influencer)라고 불리는 작가 유시민 님, 프로게이머였던 황희두 님 등이 대표적인 예겠죠. 그 영향력은 웬만한 언론사 못지않습니다. 인플루언서의 영향력은 그 어떤 언론사와 방송사보다 커졌음에도, 우리는 마치 친구와 카톡하듯이 인플루언서와 커뮤니케이션을 할 수 있는 시대가 된 것입니다. 꼭 정치 분야만 생각할 이유는 없습니다. 패션이나 화장품, 심지어 예능 프로그램까지 인스타그램과 유튜버, 트위치와 같은 개인 미디어에서 진행자는 매스 미디어 이상의 효과를 냅니다. 김나영 님, 깡스타일리스트, 포니, 피식대학, 네고왕 등이 대표적이죠.
전통적 형태의 매스 커뮤니케이션이 대규모의 이질적인 익명의 시청자를 대상으로 한 일방향적(one-way) 커뮤니케이션 형태였다면, 디지털 미디어의 시대에서는 사용자 중심의 상호 작용 기능을 통해 대인 커뮤니케이션화하고 있습니다. 중요한 것은 이와 같은 경향이 메타버스로 인해 더 강화된다는 것입니다. 마치 우편물을 보내는 시대에서 인터넷을 통해 메일을 보내는 시대가 된 것처럼, 메타버스는 이메일이나 영상 통화와는 달리 마치 마주 앉아서 전달하는 것과 같은 경험을 줄 겁니다. 그때가 되면 또 다른 커뮤니케이션 형태를 이야기 하겠죠? 메타버스가 어떤 종류의 새로운 경험을 줄 수 있을지는 바로 여러분에게 달려 있습니다.

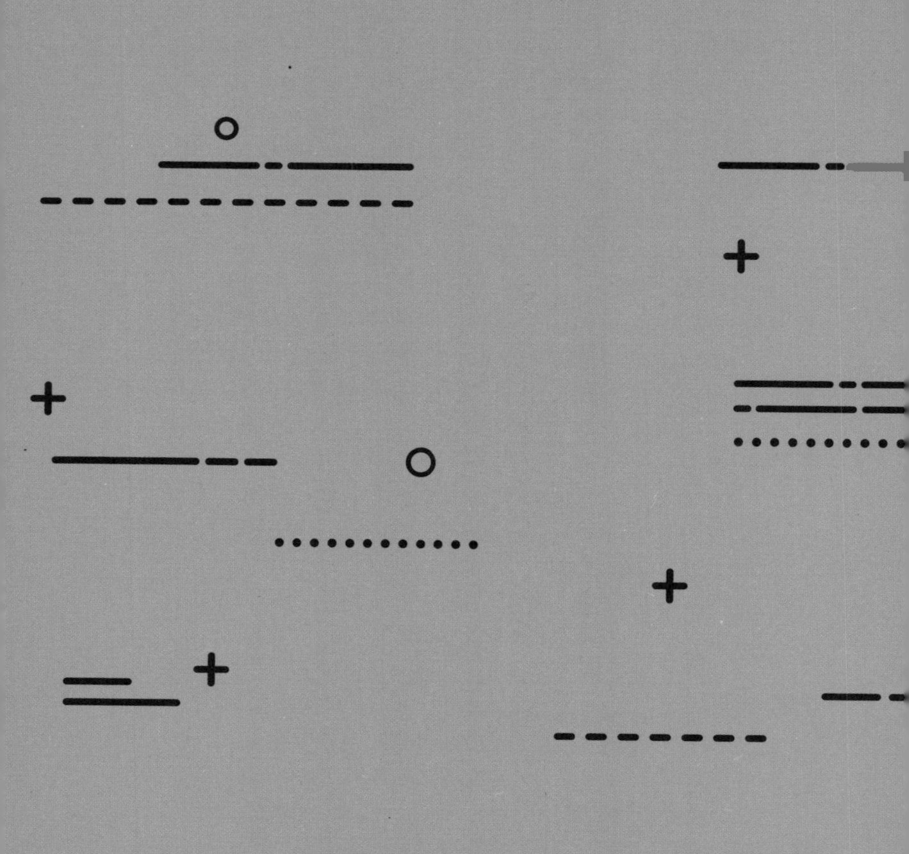

PART 2

가상현실의 확장팩, 확장현실

현실에서 롤(LOL) 캐릭터가 될 수 있다면?

▷ 가상현실? 확장현실? 실감 미디어? 무슨 차이일까요?

가상현실, 혼합현실, 홀로그램, 360도 동영상… 뭔가 비슷해 보이면서도 다른 용어들이 우리를 헷갈리게 만듭니다. 지금부터는 이러한 실감 미디어가 무엇인지 자세히 알아보도록 하겠습니다. 많은 용어들이 있으니 일단 간단하게 개념만 알아보고, 이어서 각각의 용어가 무엇인지 다음 장에서 다양한 사례를 통해 알아보겠습니다.

실감 미디어를 공부한다면 밀그램과 키시노(Milgram & Kishino, 1994)[10]를 반드시 기억해야 합니다. 학술적인 내용이라

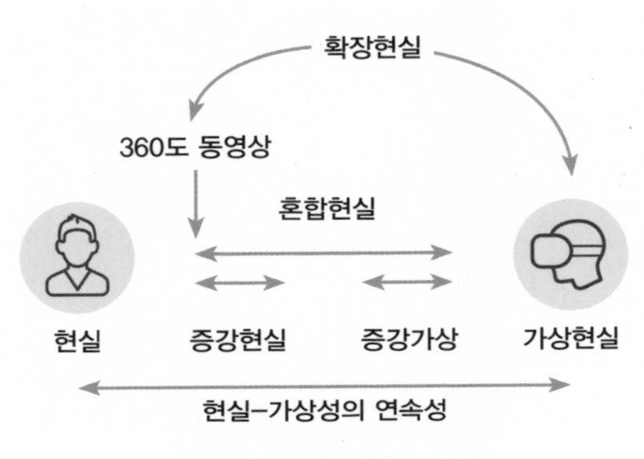

확장현실을 이해하는 개념도(그림 8)

서 다소 딱딱하지만, 가상현실을 이해하기 위한 가장 기념비적인 연구물이기 때문에 꼭 다루어야 합니다. 최대한 쉽게 설명해 볼 테니 무엇인지 한번 살펴볼까요?

밀그램과 키시노는 가상현실과 혼합현실, 그리고 증강현실 등 실감 미디어에 대한 기념비적인 연구결과를 발표했습니다. 이들은 한쪽 끝을 우리가 살고 있는 현실, 그 반대편 끝을 가상현실로 정의하고, 그 사이에 있는 모든 것을 혼합현실이라고 정의했습니다. 여기에서 주의해서 봐야 할 것은 이러한 구분을 '가상성의 연속성'이란 개념으로 설명하면서, 현실과 가상물의 비율을 비교해서 가상물이 많으면 많을수록 증강현실, 증강가상 그리고 가상현실로 정의했다는 것입니다. 즉 현실과 가상현실 사이는 혼합현실이라고 부르고, 혼합현실 안에서 현실을 기반으로

증강가상 기술을 통해 기상 변화가 가져오는 위험을 안내하는 모습(그림 9)[11]

상호 작용할 수 있는 가상물이 있다면 증강현실, 가상현실 기반으로 실물이 존재한다면 증강가상이라고 부른 것이죠.

자, 그렇다면 실제 환경을 360도 파노라마 형식으로 보여주는 동영상은 무엇일까요? 뉴스나 동영상을 보면 대부분 가상현실이라는 표현을 쓰는데 이게 맞는 걸까요? 360도 동영상은 기존의 촬영 방식으로 360도 파노라마 영상을 촬영한다는 차이만 있을 뿐입니다. HMD가 없어도 볼 수 있고, 스마트폰을 들고 위아래, 앞뒤로 돌리면서 영상을 봐야 하지만, 가상의 것은 없죠. 공간이 확장되면서 무언가 다른 경험을 주는 것 같지만 당연히 가상현실은 아닙니다. 이것은 그냥 360도 동영상으로 부르면 됩니다.

최근에는 확장현실(eXtended Reality: XR)이라는 표현도 많

가상현실을 사용하여 실제 자동차를 테스트할 때보다 더 많은 정보를 얻을 수 있습니다.

이 씁니다. 현실의 경험을 확장했다는 의미죠. 사실 이 용어의 기원은 1961년으로 거슬러 올라갈 정도로 오래된 개념(Wyckoff, 1961)[12]이지만, 최근에 실감 나게 만드는 새로운 기기가 다양하게 소개됨에 따라서 빈번하게 사용하고 있습니다. 확장현실은 말 그대로 현실감을 가져오는 모든 것을 의미합니다. 가상현실과 혼합현실도 포함하지만, 동시에 360도 동영상도 현실감을 극대화했다는 점에서 확장현실이라고 볼 수 있죠. 앞으로 가상현실이나 혼합현실, 360도 동영상 등 디지털 기술을 통해 현실과 대비되는 환경을 말할 때는 간단하게 확장현실이라는 표현을 쓰면 됩니다. 누군가 여러분에게 관심 있는 주제가 무엇이냐고 물었을 때, 가상현실로 답하기보다는 확장현실 또는 실감 미디어라고 답한다면, 여러분은 가상현실뿐만 아니라 현실감을 느끼는 데 도움이 되는 모든 미디어에 관심이 있다는 뜻이 되니 가능한 한 확장현실이나 실감 미디어 또는 실감 콘텐츠라고 얘기를 하면 좋을 겁니다.

▷ 센소라마? 바이브드? 게임 캐릭터 이름인가요?

자, 이제부터 가상현실에 대해서 자세히 알아보겠습니다. 질문 하나 할까요? 여러분은 가상현실 기기가 언제 처음 만들어졌다고 생각하시나요? 모르긴 몰라도 그리 오래되지 않은, 최근에 만들어진 신기술이라고 생각하시겠죠? 가상현실의 기원은 자그마치 1950년대로 거슬러 올라갑니다.

'가상현실의 아버지'라 불리는 모턴 하일리그(Morton Heilig)가 1957년에 센소라마 시뮬레이터(Sensorama Stimulator)라는 기기를 만들었는데, 이것을 가상현실의 기원으로 삼습니다. 하일리그는 이 기계를 '경험 극장(Experience Theater)'이라 부르며 다양한 감각을 활용할 수 있는 미래의 극장으로 설명했습니다. 센소라마는 대형 디스플레이를 통한 3D 영상, 스테레오 사운드와 함께 향기와 바람, 떨림 효과까지 전달

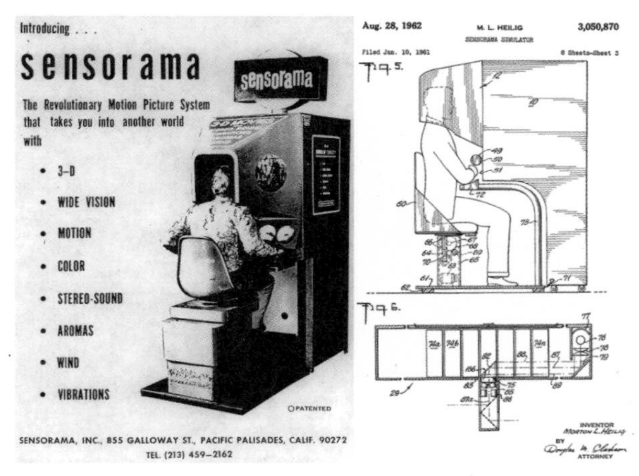

최초의 가상현실 기기, 센소라마 시뮬레이터(그림 10)[13]

해 오감을 활용할 수 있는 미디어로 당시에는 혁신적인 실감 미디어였습니다.

센소라마는 당시에 매우 혁신적인 기계였지만, 우리가 지금 생각하는 가상현실 기기와는 많이 다르죠? 그림에서 보듯 이것은 현실을 완전히 가리는 몰입형 기기가 아니라 오락실에 있는 커다란 오락기같이 생긴 기계였습니다. 또 자신이 움직이는 대로 영상이 변하는 가상현실과 달리, 만들어진 영상을 그대로 따라가는 식이었습니다. 따라서 엄밀한 의미에서 이것을 가상현실 기기라고 정의하기에는 무리가 따릅니다.

가상현실의 정의와 가장 가까운 시스템은 1986년 미국항공우주국(NASA)에서 만든 우주인 훈련용 HMD 시스템인 바이브드(VIVED: Virtual Visual Environment Display)가 시초라고 할 수 있습니다. 이 시스템은 HMD로 작동되는 완전 몰입형 기기로, 마이크와 헤드셋, 장갑까지 연결돼 있어 상호 작용에도 최적화되어 있었죠. 움직이

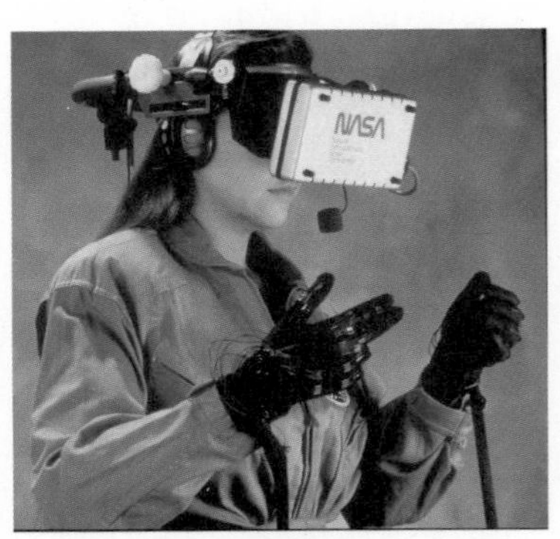

현재의 HMD와 유사한 미국항공우주국(NASA)의 뷰(그림 11)[14]

고 싶은 대로 움직일 수 있어 몰입하기 좋고, 자기 움직임에 따라 영상이 변한다는 점에서도 지금 정의하는 가상현실에 딱 맞습니다.

가상현실 시스템을 미국항공우주국에서 개발한 것은 가상현실의 가치를 잘 보여주는 사례입니다. 미지의 우주를 처음 방문하는 우주인에게 가상의 경험을 부여해서 성공적으로 임무를 완수하게 도와주기 때문이죠. 나중에 더 자세히 설명하겠지만, 가상현실은 이렇게 현실에서 수행하기 곤란한 과업을 실행할 수 있는 우주나 심해 탐험, 의료 시술, 항공기 운항이나 전쟁 수행 같은 데 유용하게 사용됩니다. 가상현실이 최신 기술이기 때문에 무조건 받아들이는 것이 아니라, 가상현실이 갖고 있는 가치를 어떻게 하면 잘 살려낼 수 있을지 고민하는 것이 선행돼야 하는 이유입니다.

미국항공우주국에서 처음 개발한 VR 시스템인 '바이브드'와 최근 사용하는 VR 시스템

▷ HMD를 쓰고 하는 게임은 전부 가상현실인 이유

우리가 지금 자연스럽게 쓰는 가상현실이라는 용어는 1980년대에 등장했습니다. 컴퓨터 프로그래머였던 재런 래니어(Jaron Lanier)가 가상현실과 관련된 고글과 장갑을 파는 최초의 회사인 VPL 리서치를 만든 후 가상현실이란 용어가 처음 알

려지게 됐죠.

가상현실은 '사용자가 완전한 상태로 몰입하고 상호 작용할 수 있는, 100퍼센트 가상으로 만들어진 세계'를 말합니다. 완전한 상태로 몰입한다는 말은 현실을 볼 수 없다는 것을 뜻하죠. 현실을 볼 수 없다는 말은 현실 세계에서 시야를 차단한다는 것입니다. 그래서 가상현실을 즐기기 위해서는 HMD가 필요하죠. 나중에 설명할 혼합현실이나 홀로그램과 가상현실이 다른 점은 바로 현실 세계와는 완전히 차단된다는 점입니다.

그러나 눈이 차단된 채 영상을 본다고 해서 모두 가상현실은 아닙니다. 최근 큰 관심을 받고 있는 360도 동영상처럼 HMD를 통해 볼 수 있는 '현실'도 있기 때문이죠. HMD를 이용한다고 해도 현실을 보는 것이라면 여전히 현실 세계에 머무는 것일 뿐입니다. 그래서 가상현실은 100퍼센트 컴퓨터 그래픽으로 만든 인공적인 세계여야만 합니다.

100퍼센트 컴퓨터 그래픽으로 만들고 현실 세계에서 시야를 차단하더라도 단순히 보기만 한다면 이 또한 가상현실이 아닙니다. 사용자가 가상현실과 상호 작용할 수 있어야 합니다. 예를 들어 게임은 100퍼센트 컴퓨터 그래픽으로 만듭니다. 또한 내가 원하는 대로 움직이기 때문에 상호 작용할 수 있죠. 따라서 HMD를 쓰고 하는 모든 게임은 가상현실 게임입니다. 여기에서 명심해야 할 것은 비록 HMD를 쓰고 작동한다고 하더라도, 이미 프로그래밍이 되어 있는 대로 그저 따라가야만 하는 것은 '시뮬레이션'이지, 가상현실이 아닙니다. 이것이 시뮬레이션과 가상현실의 결정적 차이입니다. 시뮬레이션도 가상으로 만들어놓은 세계이긴 하지만 시뮬레이션은 일방적으로 만들어진 프로그램을 사용자가 따라갈 뿐입니다. 반면 가상현실은 사용자가 가상 세계와 상호 작용하면서 자신이 원하는 방향으로 진행할 수 있어야 합니다. 사용자의 선택에 따라 환경이 변화하고 새롭게 만들어지게 되는 것이죠.

100퍼센트 CG에서 완전히 몰입돼 상호 작용을 할 때 가상현실이라고 할 수 있습니다.(그림 12)

▷ 우리는 언제쯤 가상현실 게임을 집에서 할 수 있을까요?

가상현실을 생각하면 여러분은 가장 먼저 무엇을 떠올리나요? 혹시 게임인가요? 아무래도 여러분께서 가장 익숙하게 접근할 수 있는 것이 게임이기 때문에 이렇게 생각하는 것이 전혀 이상할 것이 없습니다. 그러나 가상현실은 지금도 그렇고 앞으로도 개인 사용자와 같은 B2C보다는, 정부나 기업과 같은 B2B 대상으로 더욱 확산될 것입니다. 여러 가지 상황을 고려할 때 게이머와 같은 개인 사용자를 대상으로 하는 엔터테인먼트보다는, 조직의 특정한 과업을 달성하는 데 도움이 되는 업무 분야의 발전 가능성이 더 높을 것 같습니다. 그렇다고 게임과 같은 엔터테인먼트 분야에 가상현실이 적용될 가능성이 없다는 말은 아닙니다. 다만 스마트폰과 달리 개인이 이것을 구매해서 사용하기보다는 오락실이나 테마파크 등의 장소에서 사용할 확률이 더 높습니다. 이유는 역시 비용의 문제가 크기 때문이죠.

HMD의 가격도 비싸지만, 더 큰 문제는 가상현실 콘텐츠를 구동하기 위해서는 최신 그래픽카드를 설치한 고성능 컴퓨터가 필요하다는 점입니다. 그렇다고 지금 멀쩡하게 잘 사용하고 있는 컴퓨터를 가상현실 때문에 교체하자니 많은 비용이 걱정입니다. 그래서 최근에는 '오큘러스 퀘스트 2'나 '피코(Pico)'와 같은 일체형(stand-alone) HMD가 새롭게 등장하고 있습니다. 또

가상현실의 훈련 효과는 매우 높은 것으로 조사됩니다. 기업이 가상현실 교육 프로그램을 적극적으로 받아들이는 이유죠.

한 최근에는 콘트롤러나 슈트 같은 액세서리를 통해 더욱 생동감 있게 게임이나 콘텐츠와 상호 작용하며 즐길 수 있게 됐는데, 역시 만만치 않은 비용 문제가 생깁니다. 몰입감이 높아지는 만큼, 가격 부담도 심해지죠. 게다가 여러 기기를 사용하기 위해 충분한 공간도 필요합니다.

가상현실이 급성장하다 보니, 제작, 유통, 소비 시 여전히 많은 문제점이 있습니다. 가상현실이 마치 눈앞에 펼쳐진 것처럼 이야기하지만, 막상 가상현실을 경험해본 사람은 극히 일부입니다. HMD로 가상현실을 즐기려 하니 5분만 지나도 어지럽습니다. 즐길 만한 콘텐츠는 많지 않고, 사이버 멀미가 발생하지 않게끔 정교하게 만든 콘텐츠는 더욱 찾기 힘듭니다. 무엇보다도 한때 전 세계적으로 크게 유행했던 '포켓몬 고'와 같은 킬러 콘텐츠가 안 보입니다. 기존의 패러다임과는 다른, 가상현실만이 갖고 있는 가치를 극대화할 수 있는 차별화된 콘텐츠가 나와야 하는데 아직까지는 매력적인 작품이 보이지 않습니다. 결국 이러한 문제점의 해결 여부에 따라 B2C 시장에서 가상현실의 성공이 좌우될 것입니다.

폭스스포츠에서 선보인 소셜 VR. 굳이 이렇게까지 가상현실에서 스포츠 경기를 함께 보려고 할까요?

영화 〈아바타〉가 큰 성공을 거둔 후, 2010년 초부터 전 세계에 3D 열풍이 불었던 적이 있습니다. 그러나 인기는 얼마 지속되지 못했죠. 다양한 실패 이유가 있겠지만 사용자 관점이 아닌 제작자와 공급자 위주의 관점에서 시장을 바라본 것이 가장 큰 문제였습니다. 즉 사용자가 3D 콘텐츠를 아무런 불편함 없이 즐겨야 하는데, 안경을 쓰고 자세를 바르게 할 때에만 3D 효과를 즐길 수 있다는 것이 문제였습니다. 물론 어지럼증과 피로감도 큰 문제였죠. 가상현실 역시 똑같은 문제점이 있습니다. 무엇보다도 지금처럼 커다란 HMD를 머리에 쓰는 한, 가상현실은 절대 성공할 수 없습니다. 적어도 안경 형식으로 작고 가벼워야 합니다. 사용자의 입장에서 HMD를 쓰고 가상현실을 즐기는 데 문제가 없는지, 그리고 지속적인 만족감을 부여할 수 있는지 연구해야 합니다. 가상현실 사용자 경험(Virtual Reality User eXperience: VRUX)을 최적화해야 하는 것이죠. 가상현실을 포함한 실감 미디어 시장에서는 무엇보다도 사용자 중심의 관점이 특히 중요합니다. 현재 존재하는 수많은 미디어와 경쟁해서 살아남기 위해서는 사용자가 정말 원할 정도의 만족감을 부여해야 하기 때문입니다. 가상현실이 아직도 갈 길이 먼 이유입니다.

B2B와 B2C란?

B2B(Business-to-Business)와 B2C(Business-to-Customer)는 모두 비즈니스 모델로 비즈니스의 대상이 누구냐에 따라 구분하는 용어입니다. B2B는 기업과 기업 사이의 거래를 기반으로 한 비즈니스 모델을 말하는 것으로 판매자와 구매자 모두 기업을 말합니다. 반면 B2C는 판매자는 기업인 데 반해 구매자는 일반인을 상대하는 비즈니스 모델을 말하죠.

예를 들어볼까요. 삼성전자 스마트폰인 갤럭시 폴드2를 구매했다고 생각해보죠. 우리가 사용 중에 스마트폰의 액정이 깨졌다고 해서 이것을 만드는 삼성 디스플레이와 거래하지는 않습니다. 삼성 디스플레이는 삼성전자에 납품하며 거래를 할 뿐입니다. 이렇게 일반인을 대상으로 기업 활동을 하는 삼성전자는 B2C 기업이라고 하고, 삼성전자와 거래하는 삼성 디스플레이는 B2B 기업이라고 합니다.

한편, 삼성전자는 스마트폰뿐만 아니라 반도체를 만들기도 하죠. 우리가 사용하는 디지털 기기에는 반도체가 들어가지만 우리가 그것을 직접 구매하지는 않죠. 삼성전자는 반도체를 컴퓨터나 서버 제작 회사에 파는 B2B 기업입니다. 따라서 삼성전자는 B2C 기업이면서도 B2B 기업입니다.

확장현실 산업은 초기에는 B2B가 주로 이뤄지다가, 점차 B2C로 확산될 것으로 예측됩니다. 여러분은 확장현실 하면 게임 정도만 생각하고 있지만, 많은 회사에서 기업의 효율성을 높이기 위해 확장현실 콘텐츠를 적극적으로 활용하고 있습니다. 더 자세한 내용은 계속해서 알아보기로 하죠.

내 방이 소환사의 협곡으로! 더 생생한 혼합현실

▷ '포켓몬 고'는 증강현실일까요, 혼합현실일까요?

'포켓몬 고'의 대성공으로 증강현실이 널리 알려졌고, 오큘러스 리프트 때문에 가상현실에 대한 관심이 증가했습니다. 4차 산업혁명의 대표적인 사례로, 인공지능과 자율주행차, 로봇을 이야기하며 실감 콘텐츠도 함께 언급합니다. 이처럼 실감 콘텐츠에 주목하는 이유는 적용될 수 있는 산업의 범위가 매우 폭넓기 때문입니다. 즉, 실감 콘텐츠는 단지 엔터테인먼트에만 머무는 것이 아니라, 의료, 군사, 교육, 커뮤니케이션 등 적용 분야가 다양하고 효율성 측면에서 큰 장점이 있습니다.

대표적인 예가 마이크로소프트의 홀로렌즈입니다. 홀로렌즈는 마치 홀로그램을 떠올리게 되는데, 사실은 혼합현실 기기입니다. 홀로그램과 같은 최신 기술처럼 보이기 위해 이름을 의도적으로 홀로렌즈라고 지었습니다.

홀로렌즈는 특히 기업에서 활발하게 사용되고 있습니다. 2D, 3D 시각화 모델링 솔루션을 제작하는 오토데스크(Autodesk)는 디자이너와 엔지니어의 협업 과정에 홀로렌즈를 도입해서 활용 중이고, 케이스 웨스턴 리저브(Case Western Reserve) 대학과 클리브랜드 클리닉(Cleveland Clinic)에서는 인체의 내부를 3D 이미지로 제작하고 있습니다. 이 밖에도 미국항공우주국, 볼보(Volvo), 아우디(Audi), 에어버스(Airbus) 등의 글로벌 기업에서 혁신적 비즈니스 솔루션으로 홀로렌즈를 활용하고 있습니다.

한 가지 분명히 할 것이 있습니다. 가상현실과 증강현실이 합쳐진 것을 혼합현실이라 말하기도 하고, 가상현실과 증강현실 다음에 올 실감 미디어를 혼합현실이라고 설명하기도 합니다. 틀린 말입니다. 실감 미디어 분야를 모르는 사람들이 개념에 대한 이해 없이 마구잡이로 멋지게 이름을 붙이기 때문에 생긴 결과입니다. 아마도 '포켓몬 고' 때문에 증강현실이란 표현이 익

밀그램과 키시노, 그리고 아즈마가 정의한 증강현실과 혼합현실(표 1)

	밀그램과 키시노	아즈마
증강현실	-현실과 가상현실 사이에 존재하지만 현실에 가까운 낮은 차원의 가상현실 -한편, 가상의 대상물이 현실에 비해 더 많은 상태를 '증강가상'이라 정의	-현실과 가상의 결합 -실시간 상호 작용 -가상의 대상물이 3차원 현실에 배치 -밀그램과 키시노가 정의한 혼합현실
혼합현실	-증강현실과 증강가상을 포함한 현실과 가상현실 사이에 존재하는 모든 것 -'가상성의 연속성'의 어딘가에 존재 -아즈마가 정의한 증강현실	-언급하지 않음

숙했다가, 뭔가 새로운 게 나와서 이를 혼합현실이라 부르고, 혼합현실을 훨씬 진보한 기술로 생각하는 것 같습니다. 이번 장에서는 혼합현실과 증강현실에 대해서 분명히 이해하고 넘어가도록 하죠.

앞에서 언급한 밀그램과 키시노는 현실과 가상현실 사이에 존재하는 모든 것은 혼합현실이라고 정의하고, '포켓몬 고'처럼 현실에 가상의 사물이 있는 것을 증강현실, 일기예보처럼 가상으로 만든 배경에 진짜(기상 캐스터)가 있는 것을 증강가상이라고 정의했습니다. 그런데 문제가 생겼습니다. 밀그램과 키시노 이후 증강현실에 관한 또 다른 교과서처럼 사용되는 아즈마

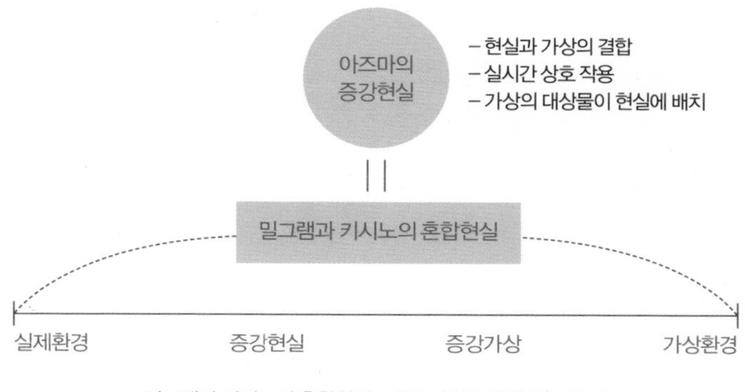

밀그램과 키시노의 혼합현실 = 아즈마의 증강현실(그림 13)

(Azuma, 1997)[15]의 논문에서는 혼합현실이란 용어는 단 한 번도 사용하지 않고 그저 증강현실에 대해 설명했습니다. 그러나 사실 아즈마가 말하는 증강현실은 밀그램과 키시노가 말하는 혼합현실과 동일합니다. 혼합현실은 마이크로소프트 때문에 널리 알려졌습니다. 홀로렌즈를 출시하며 증강현실이라는 용어는 사용하지 않고, 혼합현실이란 용어를 사용했기 때문이죠. 밀그램과 키시노의 연구를 따른 것입니다.

밀그램과 키시노의 혼합현실이든 아즈마의 증강현실이든 정의는 분명합니다. 현실과 가상이 혼합된 것으로 사용자의 반응에 따라 작동되는 상호 작용이 이뤄져야 하며, 가상의 대상물이 3차원 상에 나타나야 합니다. 3차원 상에 나타난다는 것은 우리가 두 눈으로 보는 것처럼 깊이감을 느낄 수 있어야 한다는

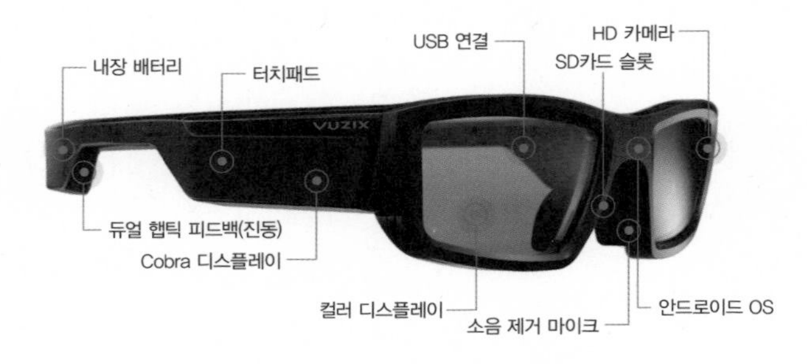

혼합현실 기기 뷰직스 블레이드의 스펙(그림 14)

것을 말하죠.

다시 한번 정리해볼까요. 가상현실은 100퍼센트 컴퓨터 그래픽으로 만든 환경을 말합니다. 반면 증강현실과 혼합현실은 현실에 컴퓨터 그래픽으로 만든 가상의 대상물이 더해진 환경입니다. 밀그램과 키시노의 정의를 따를지, 아즈마의 정의에 따를지에 따라 약간의 차이가 있지만, 혼합현실이라고 통칭하면 가장 간단하게 구분이 됩니다. 우리가 이야기하는 모든 증강현실은 혼합현실에 포함되기 때문입니다.

▷ 가상현실은 몰입형 HMD, 혼합현실은 투시형 고글

이번에는 사용기기를 통해 가상현실과 혼합현실을 더 확실하게 이해해볼까요? 가상현실을 설명하면서 '완전한 몰입'이라고 말했습니다. 그래서 가상현실 기기는 눈을 완전히 가려야 합니다. 이렇게 눈을 가리고 가상현실을 즐길 수 있는 기기를 HMD라고 합니다. 반면, 혼합현실은 현실과 가상을 동시에 봐야 합니다. 그렇기 때문에 대부분 투시형(see-through)인 안경 형태로 돼 있습니다. 마이크로소프트의 홀로렌즈를 비롯한 구글의 구글 글라스, 스마트폰에 연결해 아마존의 인공지능 비서인 알렉사를 사용할 수 있는 뷰직스 블레이드(Vuzix Blade)가 대표적인 기기입니다.

그래서 혼합현실 기기는 HMD와 차별화되는 이름으로 고글(goggle) 또는 글라스(glass)로 부릅니다. 앞에서 스마트폰으로 구현되는 '포켓몬 고'를 증강현실의 대표적인 예로 들었는데, 위와 같은 이유로 스마트폰으로 구현되는 그 어떠한 것도 엄밀하게 말하면 혼합현실이 아닙니다. 스마트폰 디스플레이에 구현될 때는 3D가 아닌 2D로 구현되기 때문이죠.

혼합현실 기기는 가상현실 기기와 많이 다릅니다. 혼합현실 기기는 투시형이죠. 현실을 완전히 차단하는 가상현실 HMD와는 달리 혼합현실은 현실이 모니터가 되고 그 안에 가상물을 띄웁니다. 우리의 눈으로 보는 현실에 더해서 가상물을 디스플레이에 띄우기 때문에 이를 투시형이라고 표현했습니다. 안경처럼 실제 세상을 볼 수 있지만, 안경 렌즈에서 가상의 대상물이 나타나는 것이죠.

최근에 나온 기기 가운데 HTC 바이브는 가상현실과 혼합

혼합현실 기기인 홀로렌즈2로 할 수 있는 것은 무궁무진합니다.

현실을 모두 즐길 수 있게 설계되기도 했습니다. 외부와 완전히 차단된 완전 몰입형 기기임에도 불구하고, 기기의 외부에 카메라가 있어서 현실을 촬영해 몰입형 디스플레이에 띄워주는 식이죠. 가상현실용 기기이지만 혼합현실을 함께 즐길 수도 있는 것입니다. 또한 혼합현실은 HMD가 아닌 스마트폰으로도 경험할 수 있기 때문에 친숙합니다.

이러한 투시형 고글의 시초는 1960년대로 거슬러 올라갑니다. 1968년 하버드 대학교의 교수였던 이반 서덜랜드(Ivan Sutherland)는 그의 제자인 밥 스프롤(Bob Sproull)과 함께 최초의 투시형 고글을 만들었습니다. 이들이 만든 고글은 두 개의

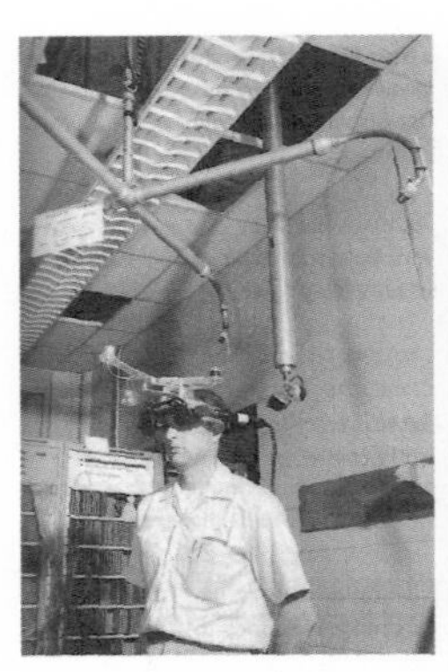

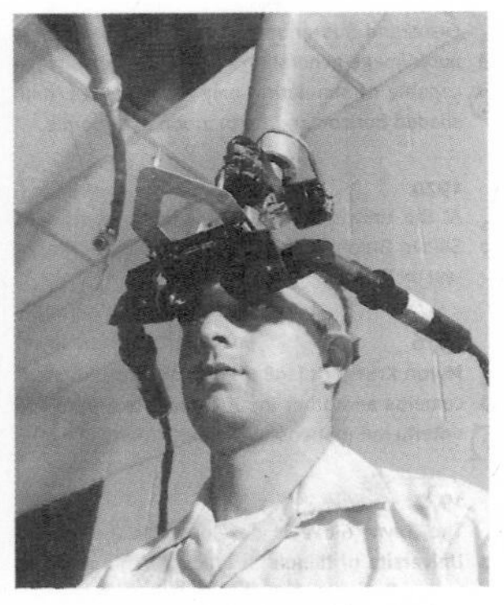

서덜랜드와 스프롤이 만든 최초의 고글인 다모클레스의 칼(그림 15)

작은 음극관으로 이용자의 두 눈을 둘러쌈으로써 입체적인 영상을 제공하는 방식이었습니다. 재미있는 것은 이 고글의 이름이 '다모클레스의 칼'이었다는 것입니다. 다모클레스의 칼은 왕좌의 천장에 걸려 있는 칼로 일촉즉발의 절박한 상황을 의미합니다. 이 고글이 너무 무거워서 천장에 매단 상태로 사용해야 했기 때문에 실감 미디어와는 어울리지 않는 이름을 갖게 된 것이죠. 이때까지는 아직 가상현실이나 혼합현실과 같은 용어가 없었기 때문에 새로운 기술이 만들어낸 제품 이름만 존재했던 때였습니다.

▷ 코로나 팬데믹으로 더욱더 각광받는 혼합현실 기술

처음으로 증강현실이란 용어를 사용한 사람은 유명한 비행기 제작 회사인 보잉사의 연구원이었던 커델과 미첼(Caudell & Mizell, 1992)[16]이었습니다. 비행기를 제작할 때 복잡한 케이블을 조립하는 데 도움을 주기 위해 증강현실 기술을 개발한 것이죠. 비행기를 제작하기 위해서는 최소 20만 개 이상의 부품이 필요합니다. 아무리 전문가라 할지라도 부품을 모두 외우고 순서에 맞춰 문제없이 조립하기란 쉽지 않았을 겁니다. 커델과 미첼은 이 문제를 해결하기 위해서 각 기계장치의 정보를 담은 가상의 이미지를 고글에 띄우는 시스템을 만들었고, 이것이 바로 증강현실의 모태가 되었습니다. 그래서 증강현실의 정의도 필요

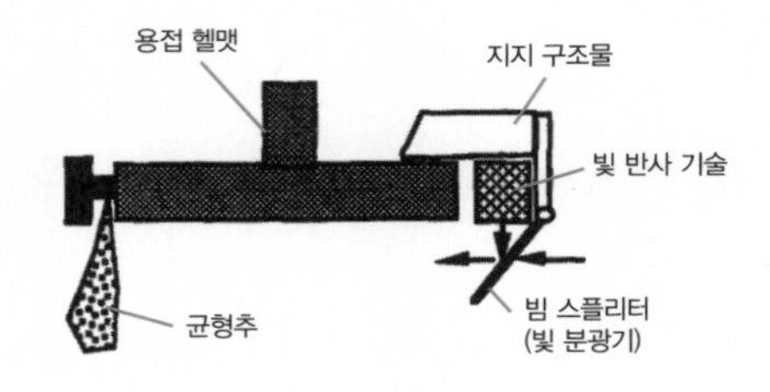

1992년 커델과 미첼이 고안한 증강현실 고글(그림 16)

한 정보가 이용자의 시야에 '증강'하는 기술로 간단히 정의했습니다.

이들은 가상현실과 비교해서 증강현실을 컴퓨터 그래픽으로 만든 간단한 대상물이라고 정의했습니다. 당시에는 주로 헤드업 디스플레이(head-up display, HUD)와 같은 하드웨어 기술을 설명하는 데 중점을 뒀기 때문에 증강현실에 대한 깊이 있는 논의가 없었죠.

여기에서 잠시 HUD에 대해서 알아볼까요? 작동 방식이 비슷하여 HUD도 혼합현실의 한 종류로 생각할 수 있거든요. HUD 역시 투명한 디스플레이에 정보가 나타나기는 하지만 사용자와 상호 작용을 하는 것이 아니라 정보가 일방적으로 나타납니다. 그리고 혼합현실처럼 디스플레이에 가상의 정보가 뜨지만, 고정돼 있는 기구에 주로 쓰이기 때문에 이동하며 볼 수 있는 투시형 고글과는 차이가 있죠. 커델과 미첼의 이 초보적인 연구는 증강현실 기술을 산업 현장에서 얼마나 유용하게 사용할 수 있는지 기술적 관점에서 설명한 최초의 연구라는 점에서 의미가 있습니다.

현대자동차 제네시스에 탑재된 HUD의 모습. 이것은 혼합현실이 아닙니다.

혼합현실은 공학, 디자인, 마케팅, 커머스 등 다양한 분야에서 활용되고 있습니다. 콘퍼런스나 협업을 하는 데도 유용하게 사용돼 기업에서 적극적으로 채택하고 있죠. 게다가 전 세계적 재앙이었던 코로나 팬데믹은 원격 협업의 가능성을 보여줬습니다. 재택근무를 통한 비용절감과 효율성 측면의 장점을 충분히 인식했습니다.

앞으로는 효율성 차원에서 지역 간, 국가 간의 이동은 가급적 지양될 것입니다. 문제는 원격 협업을 할 때 마치 한자리에서 하는 것과 같은 결과를 가져와야 하는데, 이메일이나 전화통화, 비디오 콘퍼런스로는 충분치 않겠죠. 이때 대안으로 강력하게 활용되는 방안이 혼합현실 기기를 사용한 커뮤니케이션입니다. 앞서 우리는 5G의 중요성을 공부했습니다. 네트워크가 충족되고, 기기가 준비되고, 플랫폼도 마련됐기 때문에 적어도 하드웨어의 준비는 끝났습니다. 우연찮게 발생한 코

홀로렌즈를 통해 원격 협업을 하는 방법. 마이크로소프트사가 갖고 있는 모든 자원(리모트어시스트, 원드라이브, 스카이프 등)을 활용한 솔루션을 제공합니다.

로나 팬데믹이 혼합현실 기기의 대중화를 앞당길지 두고 볼 일입니다.

▷ 스마트폰으로 즐기는 다양한 혼합현실

혼합현실을 만드는 핵심 기술은 실제 세계에 가상의 대상물을 구현하는 기술과 실시간으로 현실과 가상의 대상물이 상호작용할 수 있는 기술을 정확하고 자연스럽게 구현하는 것입니다. 아래 동영상을 한번 보시죠. 제가 혼합현실 앱을 이용해 귀걸이와 안경을 착용하는 모습입니다. 이런 상황을 그려보면 됩니다. 내가 귀걸이나 안경을 사려고 합니다. 이제까지는 귀걸이나 안경은 대부분 가게에 가서 사야 했습니다. 직접 착용한 후에 나의 얼굴과 어울리는지 확인을 해야 했기 때문이죠. 쿠팡의 로켓배송이나 마켓컬리처럼 하루 만에 배송하는 세상이 됐어도, 귀걸이나 안경 같은 몇몇 품목은 여전히 직접 가게에 가서 사야 했습니다. 그러나 이런 혼합현실 앱이 제공되면 귀걸이나 안경도 집에서 구매할 수 있습니다. 가게에서는 몇 번만 써봐도 눈치가 보여서 서둘러 사거나 나오기 일쑤인데, 나 혼자 집에서 고르다 보니 수백 개의 제품을 일일이 테스트해서 착용해볼 수 있습니다. 만일 마음에 들

스마트폰 앱을 사용하여 수많은 귀걸이와 안경을 내 마음대로 고를 수도 있습니다.

면 간단히 주문을 하면 됩니다. 혼합현실이 기대되는 분야 중에 하나가 커머스인 이유입니다.

최근에는 개인 사용자를 위한 혼합현실 콘텐츠도 많이 소개되고 있습니다. 홀로렌즈 같은 기기를 사야 사용할 수 있는 콘텐츠가 아니라, 스마트폰 앱으로 제공함으로써 스마트폰을 갖고 있는 사람은 누구든지 사용할 수 있게 만들었죠. 특히 교육용 콘텐츠가 많습니다. 별자리를 소개해주는 교육용 앱인 '스타차트(Star Chart)'는 하늘을 뒤덮은 별을 공부하는 데 적합합니다. BBC가 만든 앱(Civilisations AR)은 자사의 동명 다큐멘터리에서 나온 중요한 문화재를 혼합현실로 제공합니다. 소비자를 위한 앱도 꾸준하게 소개되고 있습니다. 대표적으로 이케아(IKEA Place)와 하우즈(Houzz) 앱입니다. 이러한 서비스의 공통점은 가구와 같이 구매 후 설치가 어려운 제품을 혼합현실을 통해서 미리 집에 배치해보며 인테리어를 하는 데 도움을 준다는 것입니다. 마찬가지 이유로 화장품 혼합현실 앱(YouCam Makeup)도 쓸모가 있겠죠. 이런저런 메이크업을 직접 하기보다는 혼합현실을 통해 내 얼굴 위에 그려봄으로써 가장 마음에 드는 메이크업을 한다면 시간도 절약하고 화장품도 절약할 수 있을 테니까요. 메저키트(MeaseureKit)도 실제처럼 길이나 각도 등을 측정해줘서, 시간 절약과 효율성 때문에 많이 사용합니다. 저스트어라인(Just a Line)처럼 공간에 그림을 그리고, 그 결과를 동영상으로 공유함으로써 재미 삼아 즐길 수 있는 앱도 많이 소개되고 있습니다.

가상현실과 비교해서 혼합현실은 장점이 더 많습니다. 일단 사용자의 접근성이 쉽습니다. 완벽한 혼합현실을 위해서는 고글이 필요하지만, 스마트폰 앱으로도 충분히 소기의 목적을 달성할 수 있습니다. 제작하는 데도 유리합니다. 가상현실은 100% 컴퓨터그래픽으로 제작하기 때문에 제작 기간도 오래 걸리고, 비용도 상당이 많이 듭니다. 그러나 혼합현실은 현실을 기반으로 가상의 대상물을 올리는 것이므로 아무래도 제작 기간이나 비용 면에서 유리합니다. 기술적 적용 역시 상대적으로 더 쉽습니다. 그래서 이미 오래전부터 혼합현실은 많은 서비스를 제공해왔습니다. 특히 스마트폰이 보급되면서 일반인에게도 자연스럽게 확산되었죠. GPS, 카메라, 디스플레이가 장착되어 있어서 혼합현실과 같은 효과를 내는 데 최적의 조건을 갖추었습니다. 게다가 공간에 제약이 없고, 실시간으로 정보를 송수신할 수 있으며, 수준 높고 다양한 결과물을 제공할 수 있기 때문에 스마트폰으로 구현되는 혼합현실 서비스는 계속 등장할 것입니다.

2차원? 3차원? 깊이감?
시각을 얘기하는데 뭐 이렇게 복잡해요?

보면 보는 거지, 3차원에 깊이감… 왜 이렇게 어려운 말이 많이 나오죠? 여러분은 실감 미디어에 관심이 많은 독자일 테니 우리가 무엇인가를 보는 것이 어떤 과정으로 이뤄지는지 알아보도록 할까요. 그래야 실감 나는 콘텐츠를 만들 수 있을 테니까요. 시지각 또는 시각이란 눈으로 입력되는 모든 정보를 뇌에서 해석하는 능력을 말합니다. 우리가 무엇인가 볼 때, 마치 눈으로만 보는 것으로 생각하지만, 실제로는 더욱 복잡한 과정이 이 안에 숨어 있습니다.

눈과 두뇌는 상호 보완적으로 작동해서 우리가 본 것을 인지할 수 있습니다. 실제 세계는 높이와 넓이, 깊이의 3차원으로 구성돼 있는 반면, 우리 눈의 망막은 단지 높이와 넓이만 있는 2차원 형태로 돼 있죠. 따라서 실제 세계를 이해하기 위해서는 먼저 실제 세계를 2차원의 망막에 투영한 후, 뇌가 3차원으로 해석하는 단계를 거치게 됩니다. 이때 뇌는 인간이 그동안 경험하거나 인식한 것을 바탕으로 세상을 이해하게 됩니다. 가상현실을 경험할 때도 우리 눈과 뇌가 상호 작용해 가상의 환경을 인지하게 됩니다. '저것은 파란색이다'라고 색을 인지함과 동시에 '파란색이 옅은 부분은 더 멀리 있을 것이다'라고 뇌가 입체감을 느끼는 것이죠.

또한 사실감을 느끼기 위해 가장 중요한 것은 빛이라는 점을 기억해야 합니다. 밝음과 어둠은 거리를 판단하는 데 사용하는 단서이기도 하죠. 밝은 배경은 대상을 어둡게 만들고, 어두운 배경은 대상을 밝게 만듭니다. 빛과 관련된 색, 명암 대비 등에 따라 입체감에 차이가 발생합니다. 컬러 영상과 흑백 영상을 생각해볼까요? 일반적으로 우리는 컬러 영상을 볼 때 흑백 영상보다 더 큰 입체감

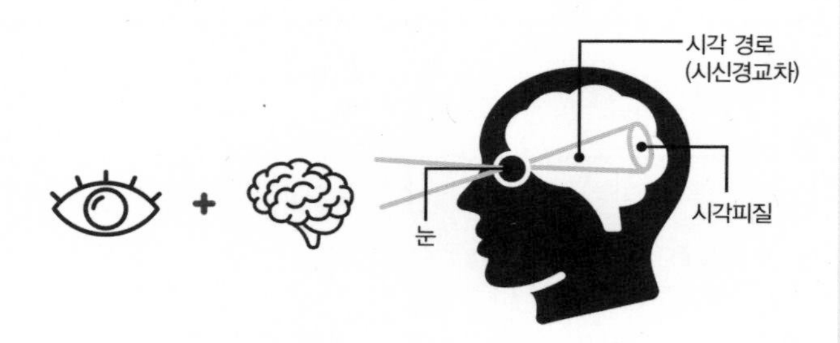

시각은 단지 보는 것만이 아닌 그동안 우리가 경험한 모든 것과
연관돼 있습니다.(그림 17)

을 느낍니다. 컬러 영상일 때 대비 효과가 더 뚜렷하고, 대비 효과가 클수록 입체감도 커지기 때문이죠. 이와 관련해서 사진이나 영상을 잘 찍는 팁을 하나 알려드릴게요. 가능한 밝은 곳에서 찍으세요. 일단 밝은 곳에서 촬영을 하면 기본은 먹고 들어갑니다!

나는 하츠네 미쿠가 좋아!
실감 콘텐츠의 끝판왕, 홀로그램

▷ 홀로그램? 홀로그래피? 뭐가 다른 걸까요?

〈아이언맨 3〉의 유명한 홀로그램 범죄 재현 장면

영화 〈아이언맨 3〉에서 혼수상태에 빠진 친구의 병문안을 갔다 귀가한 토니 스타크는 FBI와 CIA의 데이터베이스를 해킹해서 테러의 배후로 주목받는 만다린에 관한 모든 것을 분석합니다. 이 장면에서 토니는 텍스트나 사진 등의 정보를 컴퓨터 모니터를 통해서 보는 게 아니라 허공에 띄워놓고 보죠. 또 실험실 이곳저곳을 움직이면서 영상을 손으로 밀고 당기면서 크기를 늘리거나 줄이고, 360도

〈마이너리티 리포트〉에서 나오는 각종 영상을 살펴보는 장면

로 돌려가면서 자기가 원하는 곳을 봅니다. 우리가 알고 있는 홀로그램의 모습을 잘 드러낸 장면입니다.

여러분은 잘 모르는 영화일 수도 있는데, 〈마이너리티 리포트〉 역시 홀로그램을 언급할 때 가장 많이 예로 드는 영화입니다. 영화를 보지 않은 사람이라도 주인공 톰 크루즈가 손을 움직이면 가상의 창이 앞에 나타나기도 하고, 옆으로 던져지기도 하며, 사라졌다가 새로운 창이 나타나기도 하는 영상은 본 적이 있을 정도로 유명한 작품 중 하나입니다.

이 두 장면이 비슷한 것 같지만, 〈마이너리티 리포트〉의 이 장면은 홀로그램이 아닙니다. 톰 크루즈가 손을 움직이는 장면은 모션 트래킹을 통한 제스처 인터랙션(Gesture Interaction)으로, 지금도 마이크로소프트의 키넥트(Kinect)나 립모션(Leap Motion)의 트래킹 센서로 몸짓을 읽을 수 있습니다. 이것은 사용자의 움직임을 추적하여 디스플레이에 띄운 것이기에, 홀로그램보다는 제스처 인터랙션이라고 부르는 게 더 정확합니다. 홀로그램에 대해서 간단하게 말하면 일단 어떤 것이든 스크린에 투영되는 영상은 홀로그램이 아닙니다. 홀로그램은 디스플레이가 필요하지 않습니다.

홀로그램의 원래 의미를 알기 위해서는 다시 〈마이너리티 리포트〉를 보는 것이 좋을 듯합니다. 우선 옆에 있는 유튜브 영상을 먼저 보시죠. 톰 크루즈가 행방불명된 아들을 그리워하며 영상을 재생하는 장면이 나옵니다. 그가 영상을 재생하면 바로 프로젝터가 움직이고 프로젝터가 영상을 쏘면 톰 크루즈 앞에서 아들이 앞으로 나오죠. 영화에서야 표현할 방법이 없어서 주인공 앞 허공에 영상이 나타난 것으로 표현했지만, 이 영상이 직접적으로 톰 크루즈의 망막에 맺힌다면 이게 바로 홀로그램입니다. 즉 프로젝터에서 쏜 영상이 바로 눈에 맺힌다고 생각하면 됩니다. 물론 허공에 영상을 띄우는 것도 홀로그래피를 통해 구현된 것입니다.

〈마이너리티 리포트〉에서 톰 크루즈가 실종된 아이를 그리워하며 홀로그램 비디오를 봅니다.

조금 더 쉽게 설명해볼까요? 영화에서는 영상을 공간에 띄우지만, 실제 홀로그램은 공간에 띄우는 것이 아닙니다. 띄운 것처럼 보일 뿐, 인간의 망막에 맺히는 것이죠. 홀로그램은 그 자체로 이미지가 아닙니다. 그렇게 보일 뿐입니다. 입체 정보를 모두 저장한 후에 그것을 완벽한 입체감으로 느낄 수 있게 제공하는 것이죠. 이 기술을 홀로그래피라고 합니다. 일반적으로 홀로그램이라고 많이 부르지만 홀로그래피라는 용어도 간간이 들을 수 있을 거예요. 그 차이를 간단하게 요약하면, 홀로그래피는 홀로그램을 만드는 기술을 의미하고, 홀로그램은 그 결과물을 의미합니다. 즉 우리가 주로 보는 결과물인 영상물은 홀로그램이라고 할 수 있습니다. 만일 여러분 중에 홀로그램 기술에 관심이 있는 분은 홀로그래피 전문가가 되고 싶다고 하면 되는 것이고, 홀로그래피 기술을 활용한 영상 콘텐츠에 관심이 있다면 홀로그램 전문가가 되고 싶다고 말하면 됩니다.

▷ 가짜 홀로그램? 유사 홀로그램!

최초의 홀로그래피는 1947년으로 거슬러 올라갑니다. 헝가리 출신의 영국 물리학자인 데니스 가보르(Dennis Gabor)가 전자현미경의 해상도를 증가시키려는 연구를 하던 중에 3차원으로 만들어진 입체적 시각 정보인 홀로그래피 원리를 발견한 것이 기원입니다.[17] 이 공로로 가보르는 1971년에 노벨물리학상을 수상했죠. 이때 가보르가 홀로그램이라는 용어를 처음 만들었는데, 아쉽게도 당시에는 현재의 레이저와 같은 광원을 구현할 수 없던 시기라 원리는 발견했지만 실제로 구현하지는 못했습니다. 현재도 기술적 한계가 너무 크기 때문에 원래 정의에 맞는 홀로그램을 보기 위해서는 한참을 더 기다려야 합니다. 그래서 이 책에서 이야기할 내용도 모두 가짜 홀로그램에 관한 내용입니다. 완전한 홀로그램은 아니지만 유사하다고 하여 유사 홀로그램(Pseudo Hologram)이라고 부르죠. 그럼 유사 홀로그램에 대해서 자세히 알아보도록 하겠습니다.

홀로그램은 결국 눈의 착시를 이용한 것입니다. 그래서 초기에는 약간의 트릭으로 사람을 속이는 데 활용됐죠. 영국의 화학자인 존 페퍼(John Pepper)는 1862년에 처음으로 홀로그램과 같은 유령을 만들었습니다. 공연 중에 유령이 떠 있는 장면을 연출한 것인데, 거울과 투명한 막을 설치해서 빛이 반사되면서 허공에 유령이 떠 있는 것처럼 보이게 한 착시 현상이었습니다. 이후 극장이나 공연장, 테마파크 등에서 착시를 이용한 이런 눈속임 기술을 '페퍼의 유령'이라 부르게 됐습니다. 이게 무슨 홀로그램이냐고 말할 독자도 있을 것입니다. 단지 허공에 뜬 것처럼 보인다는 이유로 홀로그램이라고 부르는 게 말이 안 된다는 것이죠.

'페퍼의 유령' 방식으로 공연하는 모습(그림 18)

일리 있는 의견입니다. 그러나 당시의 재현 원리는 지금도 사용되고 있답니다. 뉴스를 보면, 홀로그램 공연을 한다느니, 홀로그램 공연장이 생겼다느니, 죽은 가수가 홀로그램으로 부활했다느니 하는 홀로그램 얘기가 끊이지 않는데 이것이 모두 '페퍼의 유령' 방식으로 재현한 것이랍니다.

그 원리를 한번 알아보겠습니다. 간단하게 말해서 이것은 프로젝터의 빛을 거울로 반사시켜, 45도 각도의 투명한 스크린에 투과하도록 하는 원리입니다. 극장에서 스크린에 영상이 펼쳐지는 것과 똑같은데, 다만 우리 눈에 잘 안 보이는 투명한 스크린이 45도 각도로 눕혀 있고, 바로 이 스크린에 영상이 비치는 것이죠.

먼저 투명 스크린에 대해서 알아볼까요? 투명 스크린은 '호일(foil)'이라고 합니다. 이 호일을 45도 각도로 세우면 무대 밑의 관객은 호일의 존재를 알지 못하고 영상이 떠 있는 것처럼 생각하게 됩니다. 관객의 눈에 스크린이 보이지 않을수록, 그만큼 홀로그램 효과는 커지게 되는 것이죠. 그래서 호일의 품질은 홀로그램처럼 보이는 데 가장 결정적인 영향을 줍니다. 스크린은 보이지 않고 영상만 보이면, 적어도 앞에서 보기에는 디스플레이 없이 영상이 재현되는 것이기 때문이죠.

두 번째는 반사 스크린입니다. 반사 스크린은 바닥에 놓여 있어서 천장에서 쏘는 프로젝터의 영상을 아무런 손실 없이 그

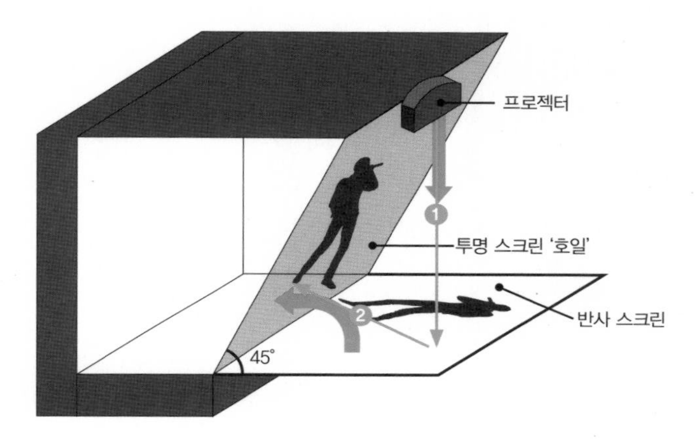

홀로그래픽 프로젝션(플로팅 홀로그램)의 구현 원리(그림 19)

대로 호일에 반사해야 합니다. 일종의 거울이라고 생각하면 되겠죠? 프로젝터에서 쏜 영상이 얼마나 온전하게 호일로 전달되는가에 따라 반사 스크린의 품질을 알 수 있습니다.

마지막으로 프로젝터가 필요합니다. 프로젝터를 천장에 붙여 놓고 반사판에 영상을 쏘는 것이죠. 홀로그래픽 프로젝션에 사용되는 프로젝터는 일반적인 프로젝터로는 불가능합니다. 천장에서 쏜 영상이 바닥의 스크린에서 반사한 후에, 호일에 나타나야 하기 때문에 고화질 프로젝터여야만 선명한 영상을 전달할 수 있습니다.

이 세 개의 중요한 시설 중에서 관객이 볼 수 있는 것은 아무것도 없습니다. 호일도, 반사 스크린도, 프로젝터도, 모두 관객의 눈에 보이면 안 됩니다. 그래야 영상이 정말 허공에 뜬 것처럼 느껴지기 때문이죠. 이런 방식의 홀로그램을 '페퍼의 유령' 방식 혹은 '홀로그래픽 프로젝션'이라고 부릅니다. 홀로그램은 아니지만 스크린에 투영(프로젝션)시키는 방식이라서 홀로그래픽 프로젝션이라는 이름이 붙었습니다. 우리나라에서는 '플로팅(Floating) 홀로그램'이라고 부르기도 하는데, 말 그대로 '떠 있는' 홀로그램이라는 뜻입니다. 디스플레이에 2차원 영상을 투영해 영상이 디스플레이에 떠 있는 듯한 느낌을 주기 때문이죠.

구현 방식으로 본다면, 150년 전에 발명된 '페퍼의 유령' 방식이 지금도 그대로 사용되고 있는 것입니다. 홀로그램이 최첨단 테크놀로지로 우리에게 익숙해진 것은 결국 영화에서 보이는 이미지였을 뿐, 실제로 구현되는 방식은 150년 전과 별 차이가 없습니다. 눈속임 효과가 커졌을 뿐, 원리는 변함이 없는 것입니다.

홀로그램은 실감 미디어가 궁극적으로 지향하는 미디어입니다. HDTV, UHDTV, 3D 입체 영상, 가상현실, 혼합현실 등 다양한 실감 미디어가 소개됐지만, 현재의 과학 수준에서 궁극적으로 가장 기대하는 실감 미디어는 홀로그램입니다. 홀로그램은 실제 상황을 거의 완벽하게 재현할 수 있는 실감 미디어기에 기대감이 크지만, 당분간은 유사 홀로그램에 만족할 수밖에 없습니다. 그래도 이 정도의 기술 수준에 맞는 콘텐츠를 제대로 만든다면 사용자는 큰 만족감을 얻을 것입니다. 테크놀로지가 새로운 경험을 부여하는 것은 사실이지만, 사용자 만족도는 테크놀로지에만 의존하지는 않기 때문이죠. 어떤 스토리텔링으로 사용자에게 감동을 선사하느냐에 따라, 유사 홀로그램도 충분히 그 빈자리를 메워줄 수 있을 것입니다.

최근에는 다양한 홀로그래피가 소개되고 있습니다. 연구자들은 각기 다른 방식으로 홀로그램을 구현해왔는데, 현재 개발되는 방식은 물리적 디스플레이 없이 허공에 구현되게 만드는 방식이 가장 일반적입니다. 홀로그램이 구현되는 이론은 이미 나와 있지만, 이를 실제로 구현하기가 매우 어렵죠. 국내외에서 개발하고 있는, 허공에 영상이 떠 보이는 기술은 대부분 이런 방식입니다.

먼저 레이저를 이용해서 공기 분자를 이온화해서 플라스마로 만들어야 합니다. 그리고 이 플라스마가 빛을 내서 입체 영상을 보여줘야 합니다. 쉽게 말하면 공기를 디스플레이로 만들어야 하고, 그런 후에 실물처럼 3D 입체 영상을 구현하는 것입니다. 문제는 플라스마 방식을 만들기도 어렵고, 영상을 구현하기 위해 레이저 빔을 초당 수십만 번씩 쏘아야 하는데 이것도

1cm 정도 크기의 플라즈마 홀로그램을 만든 것도 대단한 기술입니다.

쉽지 않다는 것입니다. 이와 같은 이유로 상용화가 되려면 많은 시간이 걸릴 것으로 보입니다. 그렇다면, 앞에서 소개한 〈아이언맨 3〉의 홀로그램 장면을 구현하기 위해서는 어떻게 해야 할까요? 토니가 이리저리 움직이며 사물의 360도를 모두 볼 수 있다는 것은 카메라로 360도를 촬영한 후 전송했다는 의미겠죠? 영화 〈스타워즈〉에서도 R2D2가 레아 공주를 홀로그램으로 보여주는데, 이를 위해서는 레아 공주의 앞과 뒤, 왼쪽과 오른쪽, 위와 아래에서 촬영한 영상이 필요하다는 의미입니다.

▷ 홀로그램으로 화려하게 부활한 마이클 잭슨

안경이나 디스플레이 없이 영상을 볼 수 있는 예는 영화에서나 가능한 장면입니다. 아마 10년이 지나도, 20년이 지나도 상용화되기 힘들 것 같습니다. 그러나 우리는 유사 홀로그램으로 얼마든지 우리의 창의력을 발휘할 수 있습니다. 현재 사용되고 있는 유사 홀로그램의 다양한 사례를 알아보겠습니다.

2010년, 전 세계 뉴스에서 보도할 만큼 놀라운 사건이 일본에서 일어났습니다. 하츠네 미쿠라는 사이버 가수의 홀로그램 공연이 열린 것입니다. 최신 홀로그램 디스플레이 기술을 총동원해서 마치 실제의 공연처럼 콘서트장에서 공연을 했고, 일본에서 큰 인기를 얻은 후 전 세계 15개 국가를 돌며 홀로그램 공연을 했습니다. 인간이 아니지만 마치 인간처럼 활동하는 그녀는 음악, 영화, CF 출연 등 다양한 활동을 지속하고 있죠. 하츠네 미쿠는 매년 전 세계를 돌며 콘서트를 여는데, 일본, 미국, 캐나다, 멕시코, 대만과 중국 등 콘서트 개최 도시가 점차 늘어나고 있습니다.

사이버 가수 하츠네 미쿠의 공연. 이러한 디지털(홀로그램) 연예인의 등장은 매우 자연스런 일이 될 것입니다.

죽은 유명인이 다시 살아난 경우도 있습니다. 마이클 잭슨은 2009년에 사망했지만, 5년 뒤인 2014년 빌보드 뮤직 어워드에서 화려하게 부활했습니다. 홀로그램 영상으로 등장한 그는 16명의 댄서와 함께 노래와 춤을 선보였는데, 마이클 잭슨을 대표하는 춤 '문워크'도 포함됐죠. 전 세계를 전율에 떨게 한 공연이었습니다. 이를 위해 제작팀은 5개월 동안 기획과 영상, 홀로그램 기술에 매달렸다고 합니다. 단 몇 분의 공연을 위해 많은 것을 고려해야 한다는 의미죠.

홀로그램으로 부활한 마이클 잭슨

홀로그램 공연은 우리나라에서도 있습니다. 먼저 지난 2014년에 싸이, 빅뱅, 2NE1 등이 참여하는 성대한 홀로그램 공연이 열린 것이 가장 유명합니다. 미래부와 KT가 93억 원을 지원한 홀로그램 공연장인 '케이라이브(Klive. http://www.klive.co.kr)'가 만들어졌기에 가능한 행사였는데, 500평 규모의 홀로그램 콘서트홀에서 펼쳐진 이들의 공연은 큰 즐거움을 선사했습니다. 지금도 계속해서 새로운 홀로그램 공연과 다양한 확장현실 콘텐츠를 선보이고 있으니 한번 방문해보시기를 권합니다.

고 신해철의 3주기 홀로그램 제작 과정과 공연

2016년에는 과거와 미래가 함께한 홀로그램 공연으로 큰 관심을 끌었습니다. 홀로그램으로 부활한 가수 김광석이 그 주인공입니다. 1996년 사망한 후에도 여전히 많은 사랑을 받고 있는 그를 추모하기 위해 대구에서는 '김광석 거리'가 만들어졌는데, 바로 이곳에 옛 추억이 고스란히 담긴 홀로그램 공연이 가능한 소극장이 만들어졌습니다. 마이클 잭슨과 마찬가지로 이미 사망한 사람의 경우에는 실제로 촬영이 불가능하기 때문에 얼굴만 컴퓨터 그래픽으로 처리하고 몸은 대역을 쓰는 것이 일반적이죠. 김광석 홀로그램은 그를 그리워하는 사람들의 공감을 불러일으키며 큰 사랑을 받았습니다.

홀로그램을 활용한 프로젝트는 앞으로 계속해서 소개될 것으로 예측됩니다. 비록 유사 홀로그램이지만 이것으로도 충분히 새롭고 즐거운 경험을 할 수 있기 때문이죠. 무엇보다 플로팅 방식의 홀로그램은 공연에 최적화돼 있습니다. 마돈나, 스눕 독,

닥터 드레, 지드레곤 등 많은 뮤지션이 홀로그램을 사용한 공연을 하고 있습니다. 그 공연을 실제로 보지 못한 사람들이라도 유튜브에서 볼 수 있죠. 케이라이브에서 상시 공연하는 싸이의 공연처럼 홀로그램 영상만으로도 좋은 공연이 될 수 있지만, 마이클 잭슨의 공연처럼 실제로 사람이 무대에서 공연을 하고 홀로그램이 함께 투영되는 식으로 활용하면 환상적인 연출을 할 수 있습니다.

실제 공연과 홀로그램의 접목은 앞으로 큰 사랑을 받을 것입니다. 신제품 홍보, 마술 공연, 콘서트와 테마파크 등에서 이런 공연은 다양하게 활용될 수 있습니다. 유사 홀로그램이기는 하지만 기술이 지속적으로 발전하고 있기에 창의적인 아이디어와 기획력으로 기존에는 없었던 공연이 소개될 것입니다. 죽은 사람도 살려내는 경이로운 미디어인 만큼 구현하기는 어렵지만 그만큼 매력적이죠. 기술을 이해하고, 사용자를 분석하고, 창의적인 아이디어를 결합시키면 사용자는 열광합니다. 홀로그램은 여러분의 창의력을 기다리고 있습니다.

엠넷의 AI 음악 프로젝트로 복원된 '거북이'의 리더 고 임성훈의 공연 모습

홀로그램이 왜 만들기 어려울까요?

앞에 높여 있는 아무 물건이나 하나 들어볼까요? 컵이나 스마트폰, 지갑 등 무엇이든 괜찮습니다. 그리고 그 물건이 360도 모든 면이 나오도록 사진을 찍어보도록 하죠. 그러면 최소 여섯 장이 필요하다는 걸 알 수 있습니다. 물론 더 정교하게 재현하려면 더 많은 각도에서 찍은 사진이 필요하겠지만요. 일단 최소한 앞과 뒤, 왼쪽과 오른쪽, 위와 아래를 찍는 것으로 하죠.

우리가 일반적으로 보는 앞의 이미지만 본다면 한 장의 사진만 필요한데, 360도로 보기 위해서는 여섯 장이 필요합니다. 즉 크기가 여섯 배가 되는 것입니다. 이것을 동영상이라고 생각해보면, 단순 계산으로 현재 우리가 보는 영상의 최소 여섯 배가 되지만 실제로는 그 이상의 데이터가 소모됩니다. 작은 물건이라면 그나마 덜하겠지만, 사람을 실물 크기로 구현할 때는 상상을 초월하는 데이터가 필요합니다.

실제 크기의 입체 영상을 구현하려면 대형 광학 설비가 필요하고, 영상을 압축해서 전송한 후에 재현하기까지 어마어마한 양의 데이터가 송수신되기 때문에 하드웨어와 소프트웨어로 이를 처리하는 단계가 복잡해지는 거죠. 이렇게 많은 양의 데이터를 저장해서 홀로그램으로 구현하는 것은 지금의 기술로는 불가능합니다.

홀로그램으로 보면 뭐가 좋다는 거죠?

월드컵 예선 한일전이 상암동 축구 경기장에서 열리고 있다는 상상을 해보죠. 방에서 TV나 모니터, 스크린 등 디스플레이가 아닌 허공에 그 경기 영상을 띄워서 볼 수 있습니다. 특수 안경을 낄 필요도 없고, 무겁고 불편한 HMD는 더더군다나 필요 없습니다. 내가 원하는 대로 축구장의 크기는 늘였다 줄였다 할 수도 있습니다. 디지털로 만든 영상이므로 크기를 늘려도 화질이 찌그러지지 않죠. 내 방에는 23인치 크기의 모니터가 있고 거실에는 65인치 크기의 TV가 있는 것처럼, 작은 내 방에서는 작은 크기로 경기장을 만들고, 거실에서 볼 때는 큰 크기로 만들어서 가족과 함께 볼 수도 있습니다.

그뿐만이 아닙니다. 대상물을 어느 각도에서나 볼 수 있고, 각도에 따라 변하는 3차원 모습을 볼 수도 있습니다. 다시 축구장으로 가보면, 손흥민 선수가 멋지게 프리킥을 골로 연결시켰을 때, 그 장면을 손흥민 선수의 뒤에 가서 볼 수도 있고, 공이 어떻게 휘어서 들어갔는지 자세히 볼 수도 있으며, 앞에서 손흥민 선수의 얼굴 표정이 어땠는지도 확인할 수도 있습니다. 위에서 본다면, 공격수들의 위치와 수비수들의 위치가 어땠는지도 알 수 있죠. 이렇게 보는 각도에 따라 각기 다른 모습을 볼 수 있기에 홀로그램은 더욱 매력적입니다. 마치 넥슨 게임인 'FIFA 온라인 4'를 다양한 시점에서 볼 수 있다고 생각하면 되는 것입니다.

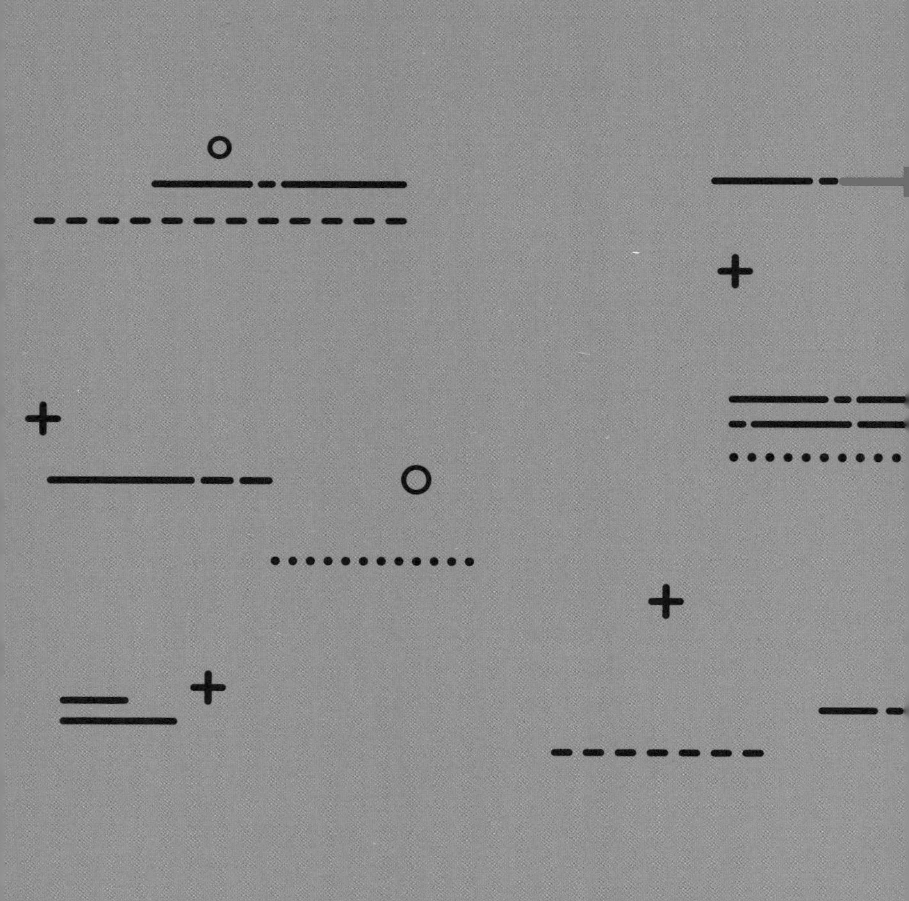

PART 3

어떻게 하면 진짜 같은 경험을 할 수 있을까요?

내가 나비인지, 나비가 나인지?
프레즌스의 힘

▷ 가장 생생한 느낌을 주는 미디어를 고르다

필립은 외줄타기 곡예사입니다. 그는 필생의 역작이 될 세계무역센터 두 빌딩 사이를 걸어가려고 하죠. 단지 외줄로만 연결된 두 빌딩의 높이는 자그마치 412미터. 이제까지 그 누구도 하지 못했고, 앞으로도 하지 못할 도전을 시작합니다. 2015년에 개봉한 영화 〈하늘을 걷는 남자〉의 내용입니다. 1968년 당시 막 건설을 시작한 세계무역센터의 두 빌딩 사이를 건넌 무명 아티스트 필립의 이야기입니다. 이 영화는 412미터 높이를 걷는 필립의 느낌을 관객에게 온전히 전달하기 위해 다양한 방법을 선택했습니다. 대표적인 예가 아이맥스(IMAX) 3D였죠. 아이맥스 3D 영화는 말 그대로 아이맥스 극장에서 3D 효과를 만끽할 수 있는 영화를 의미합니다.

캐나다의 아이맥스란 업체에서 만든 극장 시설인 아이맥스의 가장 큰 장점은 역시 커다란 스크린이죠. 아이맥스는 가로 16~20m, 세로 9~12m 정도로 큰 스크린으로 유명한데, 특히 CGV 용산아이파크몰에 있는 아이맥스관은 가로 31m, 세로 22.4m로 우리나라에서 제일 큽니다. 또한 아이맥스 극장에서는 3D 영화를 볼 수도 있어서 깊이감까지 느낄 수 있습니다. 스크린이라는 디스플레이에서는 2차원만 구현될 수 있지만, 3D 영화는 깊이감을 느낄 수 있어 마치 실제 환경을 보는 듯한 경험을 할 수 있습니다. 이런 3D 아이맥스 영화의 특징 때문에 일반적인 장르보다는 〈스타워즈〉, 〈엑스맨〉, 〈캡틴 마블〉, 〈어벤져스: 엔드게임〉 같은 블록버스터 영화가 많이 상영되곤 하죠.

사람들은 콘텐츠를 즐기기 위해서 미디어를 선택합니다. 모바일 기기를 선택하는 이유는 작고 편리해서 언제 어디서든 사용할 수 있기 때문입니다. 극장에 가는 이유는 큰 스크린에 빵빵한 음향효과로 제대로 영화를 즐기고 싶기 때문이고, TV로 넷플릭스를 보는 이유는 극장만큼은 아니지만, 스마트폰이나 스마트패드보다는 더 큰 스크린으로 제대로 즐기고 싶기 때문입니다. 집에도 컴퓨터가 있지만, PC방에 가서 게임을 하는 이유는 스펙이 빵빵한 컴퓨터와 큰 모니터가 있기 때문이죠. 우리는 알게 모르게 미디어에 대한 평가를 하며 나에게 주어진 환경에서 가장 좋은 미디어를 선택하려고 합니다. 우리가 HMD를 쓰고 가상현실을 즐기려는 이유도 마찬가지 이유입니다. 더 큰 몰입감을 통해 콘텐츠를 더 생생하게 즐기고 싶기 때문이죠.

한편 〈하늘을 걷는 남자〉 3D 아이맥스 영화는 필립의 경험을 그대로 전할 수 있는 이벤트도 준비했습니다. 바로 영화에서 가장 긴장감 넘치는 부분을 가상현실로 제공한 것이죠. 412m 건물 난간에서 외줄을 타는 장면을 가상현실로 제공했는데 영화의 공포감을 느끼기에 딱 좋은 내용이라고 생각합니다.

HMD를 쓰면 영화 〈하늘을 걷는 남자〉의 주인공이 될 수 있습니다.

가상현실이 다른 미디어에 비해 더 큰 사용자 몰입도를 줄 것이라고 말하는 이유는 가상현실 기기가 갖고 있는 여러 가지 특징 때문입니다. HMD를 머리에 쓰고, 수트를 입고, 양손에는 촉각 인식 장갑을 끼고 컨트롤러를 작동시키면, 마치 내가 게임 안에 있는 것 같은 '진짜' 같은 느낌이 들죠. 이런 상황을 심리학에서는 프레즌스(Presence)라고 표현합니다.

테크놀로지의 발전은 많은 것을 간접적으로 경험할 수 있는 기회를 줬습니다. 고품질의 영상과 음성으로 실감 나는 환경을 경험할 수 있고, 시공간도 초월할 수 있게 됐죠. 물론 여전히 프로야구 플레이오프 경기를 집에서 TV로 보기보다는, BTS의 뮤직비디오를 유튜브로 보기보다는, 그리고 뉴욕 필하모닉의 연주를 헤드폰으로 듣기보다는, 현장에 가서 직접 보고 듣는 것이 훨씬 큰 만족감을 줄 것입니다. 그러나 여건이 되지 않아서 무엇인가를 직접 경험하는 것보다는 그림이나 책, TV나 컴퓨터 등의 미디어를 통해 간접 경험하는 것이 일반적이죠. 테크놀로지를 활용한 간접 경험이 더욱 확대되다 보니, 미디어를 통한 간접 경험의 실감성이 중요한 평가 기준이 됐습니다. 쉽게 말해, 스마트폰으로 유튜브를 480p 화질로 보는 것보다는 77인치 OLED TV로 4K UHD영상을 5.1 돌비 서라운드 음향으로 들을 때 더욱 몰입하게 되는 것이죠. 이렇게 사용자의 몰입 경험을 측정하는 평가 기준으로 가장 널리 활용되는 것이 바로 프레즌스입니다.

▷ 내가 가상현실 콘텐츠 안에 있는 느낌, 프레즌스

지난 2020년 1월 미군은 이란 군부 실세인 솔레이마니 사령관을 무인 비행기 드론으로 공습했습니다. 이 드론(MQ-9 Reaper)은 미국 본토의 조종사가 위성을 통해 조작해 쿠웨이트로 추정되는 미 공군 기지에서 출격해, 작전을 수행한 후 귀환했습니다. 즉 쿠웨이트에 있는 드론을 미국에서 조종해서 이라크까지 날린 후 복귀시킨 것입니다. 이뿐만이 아닙니다. 미군

미국 네바다주에 있는 공군 드론(리퍼) 조종실(그림 20)[18]

은 극단주의 무장단체 이슬람국가(IS)를 상대로 오랫동안 싸웠습니다. 미군의 피해를 최소화하기 위해서 드론으로 선택적 공격을 하는 전략을 취했는데, 쿠웨이트, 카타르, 아랍에미리트의 미 공군 기지에서 드론을 조종해서 리비아와 이라크, 아프가니스탄에 있는 IS를 정찰하고 공격했습니다. 실제 전투기의 조종석과 똑같이 꾸며진 기지의 조종석에서 두 명의 '파일럿'은 미국 정반대에 위치한 중동이나 아프리카에 있는 드론을 조종한 것입니다.

미국 뉴멕시코주에 있는 공군 기지. 미군은 이곳에서 드론을 전 세계 작전지역에 출격시킵니다.

수학을 전공했지만, 인지공학과 컴퓨터 공학에도 능했던 MIT 교수인 마빈 민스키(Marvin Minsky, 1980)[19]는 프레즌스를 원격 기술을 이용한 피드백 시스템을 통해 다른 장소에서 일어나고 있는 일을 보고 느낄 수 있게 하는 원격조작이라고 말했습니다. 드론 조정이나 원격 수술 등 현장에 있지 않아도 조작할 수 있게 하는 상황을 프레즌스로 정의한 것이죠.

프레즌스는 또한 '그곳에 있다(being there)'라고 정의되기도 합니다. 게임을 즐기는 사람은 잘 알 것 같은데요. 게임을 하고 있는 중에 어느 순간 게임 안의 캐릭터가 돼 게임 안에 있는 것과 같은 경험을 하는 것, 또는 꼭 게임이 아니어도 소설을 읽다가 너무 몰입해서 자신이 소설 속의 주인공이 된 것 같은 기분이나, 한국과 일본의 축구 경기를 보는 데 너무 몰입한 나머지 자신이 코치가 돼 그라운드에 있는 선수들에게 작전을 내리는 것처럼 느낄 때, 이 모든 것이 내가 '그곳에 있다'는 느낌입니다.

프레즌스는 내가 실제로 있는 환경보다 미디어가 만들어내는 '매개된 환경' 안에 존재한다고 느끼는 주관적 경험입니다. 게임을 하고 있는 PC방에 있는 것이 아니라, 게임 안에 있는 것과 같은 느낌을 말하는 것이죠. 그래서 프레즌스는 테크놀로지를 이용해 어떤 경험을 하고 있음에도 불구하고, 그 순간 자신이 테크놀로지를 사용하고 있다는 것을 잊는 심리적 상태(ISPR, 2000)[20] 말합니다. 좀비 게임을 하고 있는데, 어느 순간 정말 좀비가 나타난 것처럼 생각될 정도로 몰입하는 것, 그래서 게임을 하고 있다는 것조차 잊게 되는 순간이 바로 프레즌스인 것이죠.

프레즌스는 테크놀로지를 사용하는 과정 중에 발생하며, 다양한 환경에서 일어날 수 있습니다. 그렇다고 병이나 이상 상태를 의미하는 것은 아닙니다. 미디어를 사용할 때 나타나는 자연스러운 현상이며, 테크놀로지나 사용자에 따라 다른 결과를 가져오기도 합니다. 따라서 테크놀로지를 통해 사용자에게 콘텐츠를 전달할 때는 프레즌스 경험을 높이기 위한 다양한 방안을 고려해야 합니다.

가상현실이 대중들의 큰 기대를 받는 이유는 몰입감 때문입니다. 특정 미디어를 통해 몰입감을 느낄 수만 있다면, 사람들은 그 미디어를 통해 간접 경험을 하려고 하겠죠. 문제는 몰입감을 느끼기까지 방해물이 많다는 것입니다. 프레즌스의 관점에서 가상현실을 분석해보면, 아직까지 가상현실은 한계가 많은 미디어입니다. 인간을 위한 미디어여야 하는데, 미디어에 인간을 맞추는 식이죠.

일단 HMD를 써야 합니다. 눈이 안 좋아서 안경을 쓴 사람은 안경 두 개를 쓰는 식이죠. 렌즈를 낀 사람도 마찬가지입니다. 안경을 끼기 싫어 렌즈를 꼈는데, 다시 머리에 커다란 장치를 써야 한다니… 게다가 머리에 쓰게 되니 헤어스타일이 엉망이 됩니다. 별것 아닌 것 같지만 제가 연구를 진행할 때 가장 많이 불편함을 호소한 것 중 하나가 헤어스타일과 화장이었습니다. 머리에 쓰고 눈을 가리다 보니, 예쁘게 잘 다듬은 스타일이 엉망이 되고, 정성스레 한 화장은 지워지는 것이죠. 또한 무거워서 몇 분만 쓰고 있으면 목이 뻣뻣해집니다. 게다가 어지럽기까지 합니다. 대체 몰입감은 어디 있는 거죠?

▷ 눈에 꽉 차고, 귀에 빵빵하게!

이번에는 아이맥스 얘기를 조금 더 해볼까 합니다. 아이맥스의 가장 큰 장점은 큰 스크린입니다. 시야각을 넘어설 정도로 스크린이 크기 때문에 압도적인 영상을 제공하죠. 영상이 눈에 꽉 차게 함으로써 온전히 영상에만 집중하게 만듭니다. 아이맥스의 스크린은 평면이 아닌 특수 곡선 형태로 설계된 '커브 스크린'으로 만들어져 관객의 시야 범위를 최대한 넓히는 효과가 있습니다.

스크린이 크기 때문에 필름도 일반 영화 필름을 사용할 수 없었습니다. 일반 극장은 35밀리미터의 필름을 사용하지만, IMAX는 70밀리미터 필름을 사용했죠. 물론 지금은 모두 디지털로 바뀌었습니다. 당연히 화질도 더 좋습니다. 중요한 점은 스크린이 크다는 의미가 영상을 무작정 크게 늘인다는 의미가 아니라는 것입니다. 아이맥스는 자체 개발한 고해상도 카메라와 아이맥스 디지털 리마스터링 기술인 DMR(Digital Media Remastering)을 통해 매 프레임의 수백여 가지 세부 사항을 개선해 자연의 색을 그대로 구현합니다. 영화 제작자와 협력해 영화 전체를 리터칭함으로써 제작자가 의도한 내용 그대로 이미지를 재현하고 이를 통해 관객은 영상에 더욱 빠져들게 되는 것이죠. 일반 영화관이 한 개의 프로젝터로 출력하는 데 비해 아이맥스는 두 개의 프로젝터로 기존의 색조 대비 약 40%, 밝기는 60%가 더 보강된 영상을 제공하니 당연히 보는 즐거움이 클 수밖에 없습니다.

또한 여기서 놓치면 안 되는 중요한 사실이 있습니다. 몰입감은 단지 눈으로만 충족되지 않는다는 것입니다. 아이맥스는 일반 스피커 대비 열 배의 사운드를 낼 수 있는 고출력 스피커를 통해 영화관 전체에 균일한 음량을 전하기 때문에 어느 자리든 최상의 음향을 제공합니다. 소위 말하는 빵빵한 음향이 몰입을 극대화하는 것이죠. 최근에는 아이맥스 레이저관이라고 해서 가로 31m, 세로 22.4m의 멀티플렉스 사상 최대 크기 스크린과 고해상도 레이저 영사기가 도입된 특별관이 한국에 설치됐습니다. 음향 면에서도 기존의 6채널 오디오 시스템에 천장 4채널, 벽면 2채널 등 6채널을 추가한 12채널의 사운드를 제공하며 눈과 귀를 호강시킵니다. 말 그대로 눈에 꽉 차는 영상과 귀청을 울리는 빵빵한 음향 효과를 전해주는 아이맥스는 심장이 두근거릴 정도로 웅장함을 가져다줍니다. 아이맥스 극장이 그 비싼 가격에도 왜 인기가 많은지 알 수 있을 듯합니다.

몰입감을 이야기하는데 4D 극장도 빼놓을 수 없습니다. 실사판 〈알라딘〉 영화에서 주인공이 양탄자를 타고 날아다니는

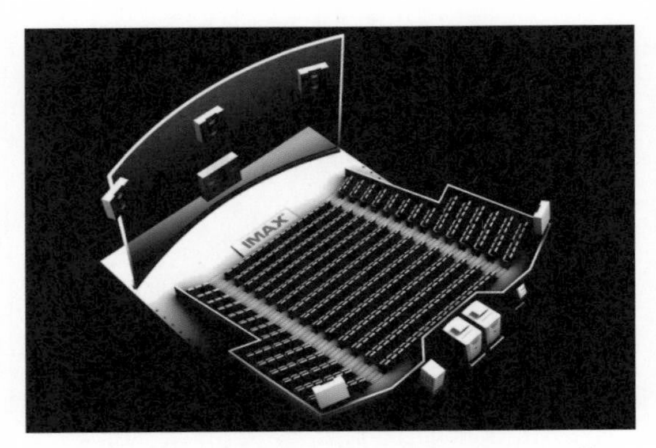

압도적인 영상과 음향 효과를 자랑하는 아이맥스 극장(그림 21)[21]

데 'A Whole New World' 노래가 흘러나오면서 실제로 의자가 같이 움직여서 마치 내가 날고 있는 듯한 느낌이 들었었죠. 4D 영화관에서는 영화 장면에 따라 의자가 움직이거나 물이 튀고 바람이 불며 안개가 끼는 효과를 제공함으로써 몰입감을 증폭시킵니다. 이런 4D 효과를 제공하기 위해서는 영화가 완성되고 극장에 상영되기 전에 전문 편집자들의 작업을 거치게 됩니다. 영화의 스토리텔링 과정에 적절히 어울리도록 4D 효과를 가장 극대화할 수 있는 장면을 선정해 어떤 효과를 넣을지 결정합니다. 그리고 이렇게 기획된 효과들이 실제 구현될 수 있도록 4D 장비에 기술을 적용하고 그 후 영상과 효과가 정확히 일치하는지 테스트 과정을 거칩니다.

프레즌스는 기본적으로 인간의 감각을 자극함으로써 발생

하게 됩니다. 이를 위해서 다양한 미디어 채널을 활용해서 오감을 자극하고, 사용자가 깊게 관여하게 만들어야 합니다. 단지 미디어에만 의존하는 것이 아닌, 사용자의 특성을 분석하고, 사용자가 처한 환경을 고려해서 최적화시키는 게 중요하죠. 계속해서 프레즌스를 높이는 방법을 설명하겠습니다.

▷ 실제처럼 짜릿한 느낌

프레즌스를 극대화하기 위해서는 앞에서 말한 미디어의 속성도 중요하지만, 무엇보다 사용자의 심리 상태가 중요합니다. 특히 몰입도가 높은 사람이 있죠. 이런 사용자는 프레즌스를 상대적으로 더 잘 느낍니다. 만약 내가 정말 좋아하는 BTS의 라이브 공연을 스마트폰으로밖에 볼 수 없는 상황이라면, 스마트폰 화면의 크기가 너무 작아서 프레즌스를 못 느낄까요? 그렇지 않죠. 스크린의 크기도 중요하지만, '내가 얼마나 그 콘텐츠를 보고 싶어 하는가' 여부가 중요합니다. 결국 사용자의 속성이나 태도나 의도가 프레즌스 정도를 좌우하는 것이죠.

프레즌스는 사용자가 가장 몰입하는 상황을 의미하다 보니, 사용자를 둘러싼 외부 환경이 최적의 상황이 돼야 합니다. 게임을 하는데, 네트워크가 자주 끊기거나, 마우스가 잘 움직이지 않거나, 키보드가 뻑뻑하면 몰입이 될 수 없죠. 영화를 보러 극장에 갔는데, 옆에 앉아 있는 사람이 팝콘을 소리 나게 먹고, 수

시로 스마트폰을 켜서 빛이 눈에 비추며, 옆 사람과 시끄럽게 속닥거린다면 몰입하기 힘들지 않을까요? 제아무리 몰입도가 높은 3D 아이맥스 극장이라고 해도 프레즌스를 경험하기 힘들 것입니다.

프레즌스를 극대화하기 위해서는 가상현실 환경을 구성하는 다양한 원리를 고려해야 합니다. 이제까지는 시각적 만족감을 위한 기술적 발전이 대부분이었다면, 앞으로는 인간의 모든 감각을 몰입하게 만드는 더욱 정교한 기술들이 적용될 것입니다. 가상현실은 360도 환경이기 때문에 사용자는 그 안에서 일방적으로 주어진 경험을 하는 것이 아니라 자신의 의도대로 스토리를 만들어가죠. 결국 360도 환경에서 전후좌우로 움직이면서 사방에 널려 있는 것들을 보게 될 것입니다. 따라서 360도 환경을 꼼꼼히 제작해야 합니다. 색감이나 깊이감을 어떻게 주느냐에 따라 똑같은 조건에서도 전혀 다른 경험을 가질 수 있기 때문에 더욱 정교하게 설계해야 하죠. 인간의 눈은 매우 예민해서 빨리 피로감을 느낍니다. 또 인간의 눈이 실제 환경에서 인식하는 깊이감을 가상 환경 안에서는 어떻게 느끼느냐에 따라 프레즌스 경험이 좌우될 수 있습니다.

정리하면, 확장현실이 성공하기 위해서는 프레즌스 경험을 강화해야 합니다. 풍부한 미디어(다양한 단서)를 제공하고, 상호작용성을 높여야 하는 이유도 결국 프레즌스 경험을 강화하기 위해서죠. 프레즌스 경험을 강화할수록 마치 자신이 가상현실 속에 있는 것과 같은 느낌을 갖게 되고, 가상현실에 있는 물체나 대상물들이 마치 자기 옆에 있는 것과 같은 느낌을 갖게 됩니다. 또한 공간을 초월해서 멀리 있는 사람이 옆에 있는 것 같은 경험을 하게 됩니다. 가상현실을 즐기기 위해 HMD를 쓰고, 양팔에는 칼 모양의 액세서리를 들고, 러닝머신 위에서 이리저리 뛰어다닌다면, 어느 순간 게임을 하고 있다는 생각은 잊고 마치 내가 전사가 돼 적진에 들어가 적군의 목을 베는 것처럼 느껴지지 않을까요? 확장현실은 바로 이런 심리적 반응을 불러일으켜야 합니다. HMD, 콘텐츠, 사용 환경 등을 전반적으로 고려해 프레즌스를 극대화할 수 있다면 현실을 잊을 만큼 짜릿한 즐거움을 맛볼 수 있을 겁니다.

시야각이 뭐고, 왜 중요하죠?

인간의 눈으로 볼 수 있는 시각적 영역을 시야각이라고 합니다. 인간은 수평으로 최대 180도, 수직으로 최대 100도의 시야각을 갖는데, 대체로 자연스럽게 수평 60도 정도를 볼 수 있습니다. 연구결과에 따르면 눈에 꽉 찰수록 그만큼 몰입감이 높다고 합니다. 즉 우리가 보는 스크린과 거리를 고려했을 때 수평 60도가 된다면 눈에 꽉 차게 돼 몰입감이 높겠죠. 우리가 TV를 볼 때, TV뿐만 아니라, TV 주변에 있는 물건들도 보이는데, 이것들 모두가 몰입의 방해물입니다.

이런 면에서 아이맥스는 몰입을 가능하게 만드는 넓은 시야각을 제공한다고 볼 수 있겠죠. 즉 일반 상영관의 시야각이 54도인 데 비해, 아이맥스관의 시야각은 평균 70도로 그만큼 더 몰입감을 느낄 수 있게 됩니다. 참고로 HMD는 완전히 눈을 가려서 온전히 영상만 집중하게 함으로써 다른 정보에 시선을 빼앗기지 않게 만드니 가장 큰 몰입감을 줍니다. 그래서 가상현실이 앞으로 큰 인기를 얻을 것으로 예측하는 것이죠.

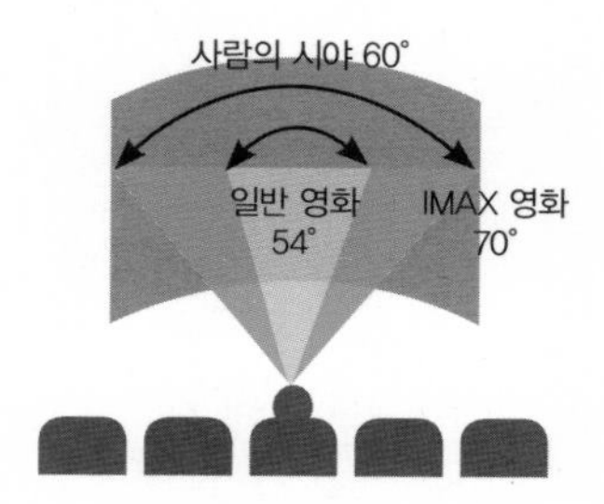

아이맥스 스크린은 시야각보다 훨씬 커서 몰입감을 느끼기 좋습니다.(그림 22)

오감을 사용하고,
진짜처럼 반응하라!

▷ HMD를 쓰고 달리고 휘둘러라!

버추익스(Virtuix)의 '옴니(Omni)', 그리고 사이버리스(Cyberith)의 '버추얼라이저(Virtualizer)'는 가상현실 기기 중 그 독특함으로 많은 인기를 얻고 있습니다. 머리에는 HMD를 착용하고, 러닝 머신과 같은 기구에서 걷거나 뛰면서, 손에는 총이나 칼, 화살 같은 도구를 직접 움직이며 즐기는 게임 기기인데, 온몸을 사용할 수 있기에 확실한 차별화가 되는 기기입니다. 가상현실은 시각적 자극만으로도 즐겁지만, 여기에 더해 오감을 자극하는 다양한 기기를 활용할 수 있다는 장점이 있습니다.

시각, 청각, 촉각, 후각 등 다양한 정보를 제공하면 사용자의 몰입감이 커지고, 사용자의 적극적인 참여를 이끄는 상호 작용을 포함하면 사용자의 만족감은 훨씬 커지겠죠.

우리를 가상의 세계로 몰입하도록 이끄는 기기는 HMD입니다. 그런데 이것을 보조 기기와 함께 사용하면 몰입도는 더욱 극대화될 수 있습니다. 놀이공원에서 롤러코스터를 탄다고 생각해보죠. 그냥 롤러코스터만 타는 것이 아니라 가상현실을 적용하는 거죠. 가상현실을 롤러코스터에 적용한다는 것은 롤러코스터의 움직임과 HMD에서 보는 가상현실이 정확히 일치해야 함을 의미합니다. 롤러코스터가 하강하면 HMD에서도 아래로 떨어지는 환경이 제공돼야 하고, 왼쪽에서 오른쪽으로 경사진 곳에 올라가는 경우에는 영상에서도 동일한 환경을 경험할 수 있어야 합니다. 그러기 위해서는 롤러코스터의 전체 경로를 정확하게 가상현실과 일치시켜야 하기 때문에 그만큼 어렵고, 많은 시간과 비용이 들겠죠. 그러나 그냥 롤러코스터를 타는 것보다는 HMD를 쓰면 마치 우주선을 타고 우주를 여행하는 것 같은 기분을 생생하게 느낄 수 있습니다. 이전에는 경험하지 못한 새로운 즐거움을 느낄 수 있는 것이죠. 이런

아이디어를 바탕으로 테마파크에서는 가상 현실을 기존의 기기에 접목하려는 시도를 하고 있습니다.

한편 페이스북은 2016년 5월 '투 빅 이어스'라는 소프트웨어 스타트업을 인수한 후, 360도 어느 방향, 어느 거리에서든 음원을 정확하게 대상물과 일치시키고, 사용자가 바라보는 방향에 따라 음향 신호의 방향을 맞춰주는 오디오 시스템을 개발 중입니다. 참고로 페이스북은 가장 널리 사용되는 HMD인 오큘러스를 소유하고 있습니다. 몰입형 HMD에다 이런 헤드셋까지 착용한다면 더 큰 몰입감을 느끼고 더 실제 같은 경험을 할 수 있을 것으로 판단하는 것이죠. 에어팟 프로 사용자는 이러한 오디오 효과를 비슷하

HMD에서는 360도 전 방향에서 거리감에 따라 소리가 다르게 들려야 더 생생하겠죠?(그림 23)

게 경험하고 있는데요. 2020년 9월 15일에 있었던 에어팟 업데이트에서 '공간감 오디오' 기능이 새롭게 생겼는데, 이 기능을 통해 360도 공간에 따른 오디오 효과를 즐길 수 있게 됐습니다.

▷ 다다익선(多多益善) 그러나 과유불급(過猶不及)!

가상현실 기술은 인간의 다양한 감각 체계에 최적화된 액세서리와 결합해 더욱 현실적이면서도 다양한 감각을 활용할 수 있게 개발 중입니다. 사용자의 다양한 감각을 사용해서 몰입감을 높이려는 것을 미디어 심리학에서는 미디어 풍요성(Media Richness)이라고 말합니다(Daft & Lengel, 1986)[22]. 말 그대로 풍요로운 미디어가 정보를 전달하는 능력이 좋고, 인간의 감각에 제공하는 정보들의 밀도, 즉 많은 정보를 정확하게 전달할 수 있다는 것이죠.

스마트폰의 예를 들어보겠습니다. 친구와 '카톡'을 할 경우, 전화를 할 경우, 화상 통화를 할 경우를 비교해보죠. 카톡 메시지를 볼 때 우리는 메시지를 해석하기만 하면 됩니다. 가장 간단하죠. 전화 통화를 할 때는 친구가 말한 내용을 해석하는 것도 중요하지만 친구의 목소리도 중요합니다. 화날 때와 즐거울 때의 목소리가 다르고, 부탁할 때와 도움을 줄 때의 목소리가 다르기 때문이죠. 화상 통화를 할 경우는 친구의 말과 함께 목소리, 얼굴과 손짓까지 파악해야 합니다. 더욱 복잡해지죠. 점점 더 정보의 밀도가 높아지는 것입니다.

미디어 풍요성이란 이렇게 감각적으로 느낄 수 있는 다양성과 깊이감으로 평가할 수 있습니다(Steuer, 1992)[23]. 다양성은 동시에 제공되는 감각의 수를 의미합니다. 보고, 듣고, 만지고, 냄새를 맡을 수 있는 감각의 차원이 많을수록 다양성이 크죠. 깊이감은 감각 채널의 정확도를 의미합니다. 더 정확하게 이해할 수 있을수록 깊이감이 큰 것이죠. 다양성과 깊이감이 클수록 풍요로운 미디어라고 할 수 있습니다. "사랑해"라는 메시지만 전달할 수 있는 미디어보다 "사랑해"라는 메시지와 함께 하트 모양의 이모티콘을 보낼 수 있는 미디어가 더 풍요로운 미디어입니다. 이미지만 주고받을 수 있는 미디어보다는 비디오 콘퍼런스를 할 수 있는 미디어가 더 풍요로운 미디어인 것이고요.

닌텐도 스위치의 예를 들어 볼까요? 닌텐도 스위치는 전 세계적으로 품귀현상이 일어날 정도로 인기를 얻고 있습니다. 우리나라에서도 밤을 새우고 12시간 동안 줄을 선 후 구매할 정도로 인기였죠. 닌텐도 스위치의 가장 큰 특징은 거치형 게임기와 휴대용 게임기의 장점을 가진 하이브리드 게임기라는 점입니다. TV 모드, 테이블 모드, 휴대용 모드가 있어서 상황에 맞게 사용자가 선택할 수 있는 것이죠. TV에서 사용할 때는 큰 화면에서 컨트롤러로 게임을 할 수 있고, 휴대시에는 소형 컨트롤러인 조이콘을 기기 양

옆에 부착해서 게임기 전체를 움직일 수 있습니다. 책상이 있다면 테이블 모드로 만들어 조이콘만 분리해서 양손에 들고 게임을 할 수 있죠. 사용자가 상황에 따라 원하는 활동을 할 수 있게 함으로써 게임기 한 대로 다양한 커뮤니케이션 활동을 가능하게 합니다. 다양한 채널을 준비함으로써 사용자 경험을 최적화한 것이죠.

그러나 한 가지 간과하지 말아야 할 것이 있습니다. 우리가 사용할 수 있는 기기 또는 옵션이 많으면 만족도도 항상 증가할까요? 문제는 그렇지 않다는 것입니다. 사용자가 받아들일 수 있는 정보의 양에는 한계가 있습니다. 게임을 할 때 게임에 관한 모든 정보가 모니터에 뜬다면 정신이 혼란스러워서 게임을 못 할 것입니다. 뉴비들에게 이런저런 옵션은 오히려 방해가 될 뿐이죠. 따라서 실제로 사용자가 어느 정도까지 받아들일 수 있는가를 아는 게 더 중요합니다. 가상현실의 몰입감을 높이기 위해서는 미디어 풍요성을 높이려는 노력을 쏟는 동시에 사용자가 기분 좋게 받아들일 수 있는 한계를 측정하는 것에도 관심을 쏟아야 한다는 말입니다. 여러분이 확장현실 콘텐츠를 만들 때 미디어 풍요성의 중요성을 아셨다면, 어느 정도 적절한 미디어 채널을 제공해야 사용자에게 최적 경험을 부여할 수 있을지 고려해야 합니다. 많으면 많을수록 좋겠지만, 과하면 부족함만 못합니다.

▷ 일방적으로 주어진 것보다는 내 마음대로 하는 게 좋다

여러분이 TV를 보는 것보다 게임을 하는 것을 더 좋아하는 이유는 뭘까요? TV를 볼 때보다 게임을 할 때 훨씬 더 큰 몰입감을 갖는 이유는 뭘까요? TV는 단순히 보는 데 그치지만, 게임은 사용자가 능동적으로 참여할 수 있다는 것이 가장 큰 차이점일 겁니다. '본다'는 개념의 시청자에서 자기 의도대로 능동적으로 참여하는 '사용한다'는 개념의 사용자가 돼야 '실감 난다'는 느낌을 제대로 경험할 수 있는 것이죠. 이때 중요한 개념이 바로 상호 작용성입니다. 상호 작용성은 사용자에게 주어진 특정 환경에서 사용자와 사용자 또는 사용자와 미디어 사이에 주고받는 모든 행위를 의미합니다(Lombard & Snyder-Duch, 2001)[24].

가상현실은 말 그대로 가상의 것을 만들어내는 것이기 때문에 그 재현물이 얼마나 현실적인가에 따라 사용자는 긍정적이거나 부정적인 경험을 하게 됩니다. 또 전혀 경험해보지 못한 새로운 가상 환경을 구현할 때는 심리적 저항 없이 받아들일 수 있는 최적의 경험을 제공해야 합니다. 그렇지 않으면 사용자는 어떤 경험을 하고 있는지 제대로 이해하지도 못할 뿐 아니라, 부정적 반응을 보여 오히려 역효과가 일어날 수 있죠. 아무리 다양한 미디어가 제공된다고 하더라도 그것을 사용하면서 현실감 있는 경험을 하지 못한다면 오히려 부정적 경험을 하게 됩니다.

다음과 같은 상상을 해볼까요? 여러분은 지금 세계에서 가장 깊은 바다인 마리아나 해구 8,000미터 깊이에서 수영을 할 수 있는 가상현실 콘텐츠를 만들려고 합니다. 그 누구도 가보지 못한 곳을 가상으로 만들어서 사용자가 자유롭게 돌아다니며 하고 싶은 것을 하게 만들려고 하죠. 사실 그곳의 압력은 수압 108.6MPa로, 지상 기압의 천 배가 넘기 때문에 그곳에서 수영을 한다는 것은 인간으로서는 절대 경험할 수 없는 일입니다. 따라서 이런 환경은 그대로 전달할 수도 없지만, 설령 그대로 전달할 수 있더라도 인간이 견딜 수 있는 허용 범위를 넘어서서는 곤란하겠죠. 그렇다고 압력을 지나치게 낮춘다면 실감도가 떨어질 겁니다. "애개, 이게 뭐야? 겨우 이 정도야?" 하는 비아냥을 들을 수도 있습니다.

그러면 사용자에게 어떤 경험을 부여해야 사용자는 "와, 대박!" 하면서 엄지손가락을 들어 올릴까요? 상호 작용성은 가상 환경 경험을 극대화하는 주요한 요소입니다. 다만 최적 경험을 제공하기 위해 상호 작용성의 정도는 지나쳐서도 안 되고 부족해서도 안 됩니다. 지나칠 경우는 사용자에게 너무나 많은 행동을 요구하기에 귀찮고 불편하며, 부족할 경우는 사용자의 만족감을 방해하기 때문입니다.

사용자가 주어진 환경에서 원하는 대로 행동해서 만족하도록 많은 것을 고려해야 합니다. 저는 특히 가상 환경을 경험하기 위해 기기가 속도, 자유도, 자연스러움이라는 상호 작용성의

3요소를 적절하게 조절해서 콘텐츠를 만들어야 한다고 생각합니다. 그렇다면, 이 세 가지 특징이 무엇을 의미하는지 알아보도록 하겠습니다.

▷ 인간의 커뮤니케이션을 재현해야 하는 확장현실

가상현실처럼 인간의 다양한 감각을 자극하는 경우에는 속도, 자유도, 자연스러움, 이 세 가지 요소가 잘 어울려야 합니다. 먼저 속도는 사용자가 조작을 하면 가상현실 콘텐츠가 얼마나 빠르게 반응하는가를 의미합니다. 가상현실에서 반응 속도는 매우 중요합니다. 흔히 말하는 사이버 멀미는 반응속도가 빨라서가 아니라 늦어서 일어나기 때문이죠. 가상현실에서 반응속도의 문제는 매우 중요하기 때문에 조금 더 자세히 살펴보겠습니다. 반응속도의 지연 문제는 HMD가 가진 한계입니다. 최근 소개되고 있는 프리미엄급 HMD에서는 상당 부분 지연 문제를 해결했다고 하지만 여전히 문제로 지적됩니다. '지연시간'이라고 불리는 이 현상은 사용자가 머리를 움직이는 행위와 화면에 보이는 영상 간에 발생하는 시간적 차이를 의미합니다. 컴퓨터 게임을 하는 친구들은 '랙 걸렸다'는 의미를 생각하면 됩니다.

HMD는 머리의 움직임을 감지하고 파악해서 두 개의 모니터 화면에 시각적 흐름에 따라 영상을 즉각적으로 배치해야 합니다. 가상현실 게임을 한다고 해보죠. 총으로 좀비를 쏘는 게임인데, 좀비가 앞쪽뿐만 아니라 위쪽, 왼쪽, 오른쪽 등 사방에서 밀려듭니다. 머리를 좌우상하로 움직이며 좀비를 발견해야 하는데, 머리를 움직일 때마다 영상이 약간씩 늦게 따라온다면 어떨까요? 이런 게임을 즐기고 싶은 게이머는 없을 겁니다. 가상현실은 미세한 머리의 움직임을 감지하자마자 두뇌가 알아차리지 못할 정도로 짧은 시간인 1,000분의 20초 이하의 순간에, 눈앞에 배치된 두 개의 화면에 바로 결과물을 반영해야 합니다. 그렇게 하지 못해 발생하는 현상을 지연시간이라고 합니다. 영상이 사용자의 눈이 움직이는 속도를 따라오지 못한다면 피곤해지고 머리가 아파오는 사이버 멀미를 느끼게 됩니다. 이런 경험은 가상현실에 대한 부정적인 태도를 만듭니다.

두 번째로 자유도는 얼마만큼 사용자가 마음대로 통제할 수 있는가를 말합니다. 쉽게 말해서 내 마음대로, 하고 싶은 대로 할 수 있는가를 의미하죠. 자유도는 센서의 양과 밀접한 관련이 있습니다. 센서는 정보를 받아들이는 도구인데, 모든 신호를 디지털로 변환해서 컴퓨터에서 활용할 수 있는 정보로 바꿔주죠. 그래서 센서가 많으면 그만큼 다양한 정보를 통제할 수 있습니다. 그러나 센서가 많다고 무조건 자유도가 높은 것은 아닙니다. 미디어 풍요성에서도 설명했지만, 기능적인 특징보다 중요한 것은 사용자가 정말 그것을 느끼느냐 하는 것이죠. 콘텐츠에 맞게, 스토리텔링에 어울리게 적절한 상호 작용을 가져올 수 있는 센서가 필요한 것입니다. 예를 들어 모바일 게임에서 사용할 수 있는 기능 중에는 자이로스코프 센서라는 기술이 있습니다. 이 센서는 물체가 움직인 각도를 감지해서 사용자가 매우 섬세하게 작동할 수 있게 만듭니다. 그런데 너무 섬세하다 보니, 게임 이용에 어려움을 겪는 경우가 많아 대부분 이 기능을 사용하지 않습니다. 여러분이 사용하는 마우스에도 커서의 속도를 선택하는 옵션이 있습니다. 만족감을 높이기 위해서는 나에게 가장 적합하게 만드는 것이 매우 중요합니다. 마지막으로, 자연스러움은 사용자가 의도한 대로 자연스럽게 조작되는 정도로 설명할 수 있습니다. 너무나 당연한 것이므로 이것에 대해서는 굳이 자세히 설명할 필요가 없을 듯합니다.

미디어 풍요성 + 상호 작용성 + α = 프레즌스

인간은 대화를 할 때 말뿐만 아니라, 손짓, 몸짓 등 다양한 표현 활동을 합니다. 웃음으로써 즐겁다는 신호를 보내고, 눈을 찡그림으로써 무엇인가 불만족스러움을 표시합니다. 저녁 모임에 가기 위해 강렬한 향수를 뿌리는 것 역시 커뮤니케이션입니다.

의도적이든 비의도적이든 우리는 다양한 커뮤니케이션을 합니다. 인간을 대상으로 하는 모든 미디어는 궁극적으로 인간이 일상적으로 하는 커뮤니케이션을 지향합니다. 카톡도 로봇도 궁극적으로는 인간의 커뮤니케이션 양상을 따라갈 것입니다. 가상현실에서 미디어 풍요성과 상호 작용성이 중요한 이유는 가상현실 역시 인간의 커뮤니케이션 활동과 관련이 있기 때문입니다. 사용자 경험을 극대화하기 위해서, 최대한 인간의 커뮤니케이션과 가깝게 갈 수 있는 가능성이 높은 미디어이기 때문이죠.

가상현실에서 내 눈짓과 얼굴 찡그림만으로도 상대방이 나의 기분을 알 수 있게 만들어야지 그 안에서 친구를 만나고, 새로운 관계도 맺을 수 있을 겁니다. HMD를 쓰고 러닝 머신과 같은 기기에서 뛰어다니며 칼을 휘두르고 총을 쏘는 행위는 우리가 현실에서 하지 못하지만 더 현실적인 행동으로 느껴지게 만들 때만 사용하려고 할 것입니다. 확장현실이 가진 기술적인 특징만으로 사람들이 사용할 것이라는 생각은 인간을 전혀 이해하지 못하는 매우 순진한 생각입니다. 최대한 현실과 같은 경험을 주기 위한 출발점은 미디어 풍요성과 상호 작용성이라는 것을 잘 기억하시기 바랍니다.

착각, 왜곡, 착시가 만드는 진짜 같은 가짜

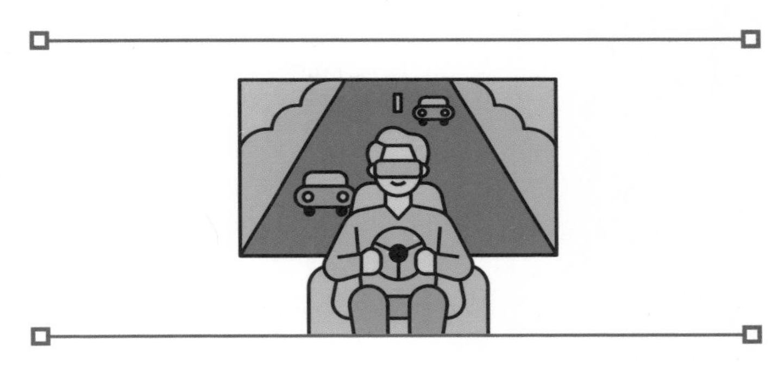

▷ 착각을 일으켜라!

가상현실을 어떻게 만들까 고민할 때, 우리의 상식을 깨는 경우가 많이 있습니다. 가상현실 세계는 우리가 살고 있는 물리적인 현실 세계와는 전혀 다릅니다. 인간의 뇌가 착각할 수 있는 환경을 만들기만 한다면 사용자는 〈스타워즈〉의 주인공이 될 수도 있고, 롤이나 배틀그라운드의 캐릭터처럼 뛰어다닐 수도 있습니다. 그렇다면 우리의 뇌를 착각하게 만드는 방법은 무엇일까요?

앞에서 우리는 사실감을 느끼는 데 가장 중요한 요인이 빛

동시성 대비 효과와 마하밴드 효과(그림 24)

이라는 것을 배웠습니다. 우리가 무언가를 인식할 때 빛은 많은 정보를 제공합니다. 먼저 '동시성 대비 효과'를 배워볼까요? 동시성 대비는 서로 다른 두 개의 대상물이 서로 영향을 미치는 것을 의미합니다. 특히 보색 관계에 있을 때 그 영향력은 더욱 커 보이죠. 예를 들어, 그림 24와 같이 동일한 회색 사각형이라고 하더라도, 그 회색 사각형을 더 진한 검은색 사각형으로 둘러쌀 때와 더 연한 회색 사각형으로 둘러쌀 때 회색이 다르게 느껴지는 효과를 말합니다.

유사한 효과로 '마하밴드 효과'가 있습니다. 마하밴드 효과는 빛의 세기가 변하는 경계 부분에서 예리한 강도의 변화가 나타나는 현상을 말합니다. 그림 24의 회색 띠를 밝기 순으로 배열한 그림을 보면, 흑색에서 백색으로 또는 백색에서 흑색으로 명도가 급격하게 변화할 때 인접 영역 간의 밝기 차이가 더 강조돼 우리 눈이 윤곽의 선을 선명하게 볼 수 있음을 확인할 수 있습니다. 그래서 특히 명암 대비가 높을 때 입체감이 월등히 높아집니다.

3D 입체 영상을 만들 때 이런 현상을 색 보정에 활용하면 시청자가 깊이 있는 입체감을 느끼도록 연출할 수 있겠죠. 색의 대비만으로 더 깊은 입체감을 나타낼 수 있는 것입니다. 명암 대비가 높은 입체 영상이 일반 컬러 입체 영상에 비해 입체감을 깊게 느낄 수 있고, 대상물과 배경의 분리가 확실하게 이뤄지는 경우 입체감이 크게 느껴집니다. 이런 기법으로 전쟁, 스릴러, 공포, 호러 장르에서 입체감을 효과적으로 활용할 수 있겠죠.

가상현실 역시 컴퓨터 그래픽으로 만든 가상의 환경이기 때문에 이런 특징을 잘 살린다면 이전에 존재하지 않았던 환경을 실감 나게 그려낼 수 있습니다. 가상현실은 기존에 우리가 머릿속에서만 상상했던 것들을 마치 실제처럼 구현할 수 있습니다. 더군다나 가상현실은 현실 세계의 물리 법칙과 기하학 등의 제약을 받을 필요도 없죠. 그렇기 때문에 가상현실의 확장 가능성은 더욱 큽니다.

▷ 가상 공간은 창의력의 공간

가상현실에서 왜곡과 착시의 예를 들어볼까요. 가상현실에서는 3차원 공간의 기하학을 왜곡해서 재미있는 환경을 만들 수가 있죠. 화가 에셔(Maurits Cornelis Escher)의 그림 〈상승과 하강〉을 볼까요. 수학적 질서와 대칭을 미술에 접목한 이 그림은 현실에서는 불가능하기에 '불가능한 그림'이라고 불렸습니다.

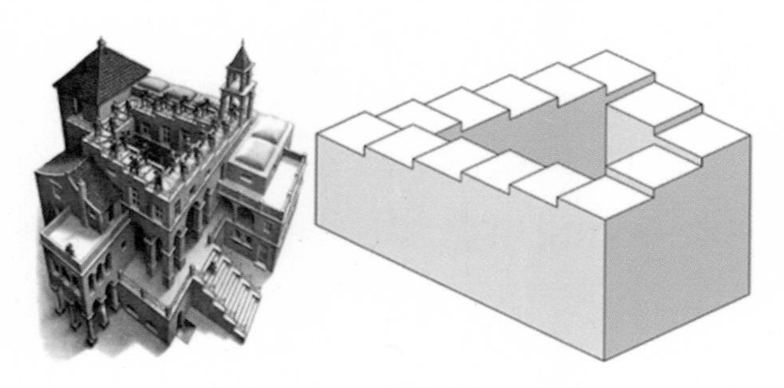

에셔의 〈상승과 하강〉과 펜로즈의 '펜로즈의 계단'(그림 25)

또한 수학자이자 물리학자인 로저 펜로즈(Roger Penrose)가 표현한 '펜로즈의 계단' 역시 현실에서는 존재할 수 없는 불가능한 도형들로 구성돼 있습니다. 3차원에서는 존재할 수 없는 도형을 왜곡해 2차원 그림으로 표현했기 때문이죠.

그러나 가상현실에서는 이러한 왜곡이 역설적으로 현실이 되는 세상을 즐길 수 있습니다. '필로우 캐슬(Pillow Castle)'은 그런 시도를 하는 회사 중 하나입니다. 이 회사는 현실에서 불가능한 환경을 가상공간에서 왜곡 처리하는 독특한 방식으로 자기 분야를 개척해왔고, 2016년에는 '시뮬레이션 테크놀로지 박물관'이라는 초현실적인 1인칭 퍼즐 게임을 선보였습니다. 이 게임은 마치 에셔와 펜로즈가 그렸던 '불가능

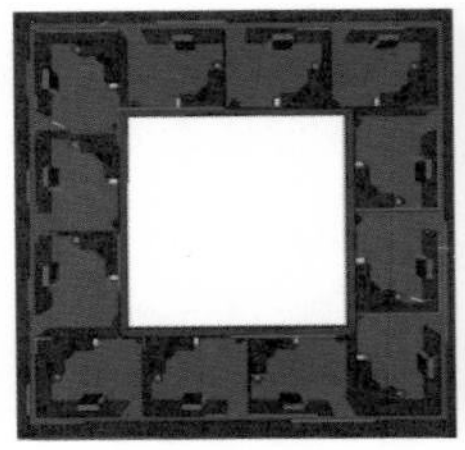

218㎡ 넓이의 12개의 방을 돌아다녔지만, 실제로는 18㎡밖에 안 움직였습니다.(그림 26)[25]

한 그림'의 게임 버전 같습니다. 왜곡을 잘 활용한, 낯설지만 매우 인상적인 게임이죠.

또한 가상현실은 착시 현상을 이용할 수 있습니다. 미국 서던 캘리포니아 대학의 연구 팀은 '사람이 제한된 공간에 있으면서도 가상공간이 제공하는 무제한의 공간을 즐길 수 있을까?' 라는 주제의 흥미로운 실험을 했습니다(Suma, Clark, Krum, Finkelstein, Bolas, & Warte, 2011)[26]. 집이나 VR방은 기껏해야 몇 걸음밖에 못 움직이는 제한된 공간인 데 반해, 게임 속 세상은 이론적으로는 무제한으로 만들 수 있겠죠. 그렇기 때문에 어떻게 하면 좁은 공간에서도 넓은 공간을 체험할 수 있을까 하는 의문을 해결하고자 한 연구였습니다. 이 실험에서는 12개의 방이 연결된 가상현실을 제공하고 그 가상 공간을 참여자가 자유롭게 돌아다니게 했습니다. 그러나 실제로 참여자는 작은 방 하나 정도의 공간만 반복해서 돌았을 뿐이었죠. 여러 개의 방을 돌아다닌 것 같지만, 결국 거의 제자리걸음을 한 셈입니다. 가상현실에서 방문을 계속 바꾸는 속임수로 착각 효과를 일으켜서 연구 참여자에게 다른 방을 계속 돌아다닌 것 같은 느낌을 갖게 한 결과입니다. 77명의 연구 참여자 가운데 단지 한 명만이 작은 공간에서 빙빙 도는 것을 눈치챘을 뿐 나머지 사람들은 이를 인식하지 못했습니다.

가상현실이 떠오르는 이유는 이처럼 인간의 상상력을 어떤 방식으로든 구현할 수 있기 때문입니다. 사과는 아래로만 떨어지고, 계단은 위로 오르거나 아래로 내려와야 한다는 현실 세계의 법칙을 지키지 않아도 되는 것이죠. 당연하게 여기던 것이 당연하지 않은 새로운 세상이 펼쳐진 것입니다. 이 얼마나 흥분되는 세상일까요! 여러분들은 새로움과 친숙합니다. 가상현실이라는 새로운 공간에서 여러분의 창의력을 마음껏 발휘하기를 바랍니다.

▷ 내가 꼭 나일 필요는 없다!

내 손을 움직이고, 내 몸을 움직이는 행위의 주체는 당연히 나겠죠. 너무나 당연한 이야기입니다. 그러나 HMD를 쓰면 뭔가 다른 느낌이 듭니다. '나'에 대한 너무나 당연한 이야기가 가상현실에서는 어떻게 달라지는지 이야기해보려 합니다.

HMD를 쓴 상황에서는 움직임이 그렇게 자연스럽지 못합

HMD를 끼고 아래를 볼 경우 발이 보이지 않아 당황스럽습니다.(그림 27)

니다. 일단 내 몸을 볼 수가 없죠. HMD를 처음 쓰고 제일 당황스러울 때는 아래를 볼 때입니다. 아래를 봤을 때 당연히 보여야 하는 내 발이 안 보이기 때문이죠. 많은 사람들은 가상현실의 캐릭터가 정교할수록 사실감이 높아질 거라고 믿습니다. 하지만 연구에 따르면 예상과 다른 결과를 보입니다. 비록 조잡하더라도 완전한 가상의 몸이 나타날 때 더 높은 프레즌스를 경험하는 것으로 나타납니다(Slater & Usoh, 1994)[27]. 잘 만들어졌다 하더라도 불완전한 몸의 구조보다는 다소 정교함은 떨어지더라도 완전한 몸의 모습으로 나타나는 것이 몰입에 도움이 된다는 것이죠. 현실에서 내가 몸을 움직일 때마다 가상현실 속의 가상의 몸도 자연스럽게 움직여야 프레즌스를 더 높이 경험할 수 있는 것이죠(Slate & Steed, 2000)[28]. 상호 작용성이 중요한 이유입니다.

내가 주인공이 되는 콘텐츠를 만들 수 있다면, 여러분은 어떤 캐릭터를 만들고 싶나요? 여러분과 같은 모습을 한 캐릭터를 원하나요? 아니면 멋지고 예쁜, 내가 되고 싶은 이상형을 원하나요? 아니면 그 어느 것도 별로 중요하지 않나요? 게임 속 캐릭터를 사용자와 똑같은 모습으로 만들면 프레즌스가 높아질 것인가는 오랫동안 게임업계의 숙제였습니다. 그래서 얼굴을 스캔해서 주인공으로 만들려는 게임도 있었죠. 이런 시도는 스마트폰에서도 있습니다. 삼성 스마트폰의 'AR이모지'와 애플의 '미모지'는 자기 모습을 캐릭터화하려는 사례죠. 그런데 흥

게임 속에서 젬베를 치는 경우 흑인 캐릭터를 골랐을 때
몰입감이 가장 높았습니다.(그림 28)

미로운 사실은 사용자의 모습과 가상현실에서의 캐릭터가 반드시 일치할 필요가 없다는 점입니다. 예를 들어 사용자가 한국인 남자라고 해서, 캐릭터 역시 한국인 남자여야 몰입감이 높아지지는 않는다는 것이죠. 더 중요한 것은 콘텐츠와 가장 잘 어울리거나 또는 잘할 수 있는 캐릭터가 더 몰입감을 높여준다는 것입니다.

예를 들어보겠습니다. 가상현실에서 아프리카 민속 악기 연주를 할 경우 어떤 캐릭터로 연주할 때 가장 몰입할까요? 실제 사용자의 인종과 성별, 직업에 상관없이 자유분방한 외형의 아프리카 흑인 캐릭터일 때 더 흥에 겨워하고, 몸도 움직이며 드럼을 친다고 합니다(Kilteni, Bergstrom, & Slater, 2013).[29] 즉 우리가 타고난 모습을 캐릭터에 반영하는 것보다, 사회적으로 학습하고 경험한 것이 몰입감에 더 큰 영향을 미친다는 것을 알 수 있습니다. 언젠가 흑인 드럼 연주자의 모습을 봤던 경험이나 흑인 드럼 연주자라면 이렇게 연주하지 않을까 하는 인식이 내가 보고 있는 흑인 캐릭터에 투영되는 것이죠. 따라서 가상현실은 실제와 똑같이 정교하면서도 세밀한 묘사를 해야만 꼭 프레즌스가 높아지는 것이 아니라는 점을 명심해야 합니다. 시각적 자극 외에 다양한 감각 정보를 전달하고, 사용자가 콘텐츠 안에서 녹아들 수 있는 사회심리학적 요인을 찾는 노력이 필요합니다.

▷ 가상의 팔다리를 만들어주다

팔다리를 절단한 후에도 아직 팔다리가 있는 것처럼 통증을 느끼는 증상을 환각성 팔다리 통증이라고 합니다. 이 통증을 유발하는 뚜렷한 병인을 찾기가 힘들어 치료가 어려운데, 신체 절단 환자의 약 70퍼센트가 환각성 팔다리 통증을 겪고 있다고 합니다. 의학 분야에서는 환각성 팔다리 통증 환자들의 통증 완화를 위해 가상현실이나 혼합현실 기술을 오래전부터 활용해왔습니다. 확장현실이 많은 분야에 적용되고 있지만 의학 분야에 어떻게 적용되었는지 몇 개의 사례를 통해 알아보겠습니다.

오랫동안 환각성 팔다리 통증 분야를 연구해온 랭커스터 대학의 머레이 교수팀은 환각성 팔다리 통증 환자에게 가상의 팔을 시각적으로 보여주는 방식으로 통증을 경감시키는 치료를 해왔습니다(Murray et al., 2009)[30]. HMD를 쓴 환자에게 가상의 손을 움직여서 특정 과업을 따르도록 했는데, 이 과정에서 실제와 똑같은 손을 정교하게 만드는 것보다 빠르고 정확하게 가상의 손이 작동하는 것이 통증을 줄여주는 데 중요한 역할을 한다는 것을 발견했습니다.

최근에는 HMD를 쓰지 않고 모니터로 확인할 수 있는 혼합현실을 활용한 기술도 선보였습니다. 스웨덴의 오티즈-카탈란 연구팀은 혼합현실 기술을 이용해 절단된 팔의 끝에 가상의 손을 만들었습니다(Ortiz-Catalan, et al., 2014)[31]. 팔에 센서를 부착해서 근육 신호를 파악하는 동시에 절단된 팔 끝에 혼합현실 마커를 부착해 팔의 움직임을 읽도록 했죠. 손을 자연스럽게 움직이는 실험을 18주 동안 했는데, 18주차에는 전혀 고통을 못 느낄 정도로 성공적인 치료 효과를 보였습니다. 12번에 걸친 반복 실험에서는 통상적인 치료로 아무 효과도 보지 못한 14명의 환자 대부분이 고통이 줄어드는 효과를 봤다고 합니다. 게다가 이 치료를 끝낸 6개월 후에도 여전히 통증 완화 효과가 지속되었죠. 환각성 팔다리 통증을 앓고 있는 환자의 치료에 가상현실과 혼합현실이 큰 도움이 되는 것이죠.

통상적인 치료와 더불어 가상현실을 활용한 치료를 통해

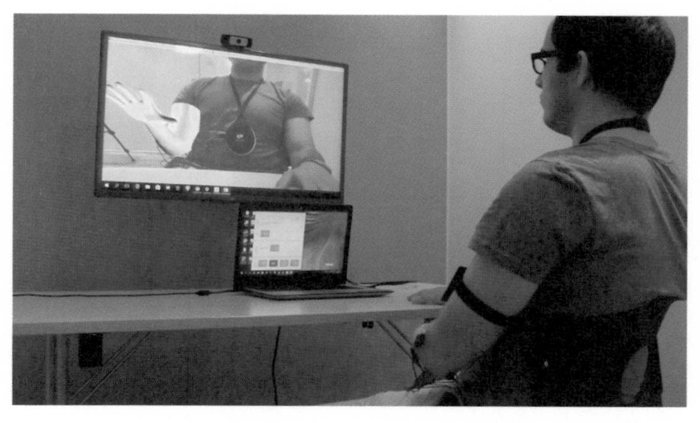

환각성 팔다리 통증 환자가 혼합현실 콘텐츠로 자가 치료를 하는 모습(그림 29)[32]

재활 치료를 더욱 효과적으로 진행하기도 합니다(Shin, et al., 2016)[33]. 국립재활원 재활의학과는 뇌졸중 환자에게 모션인식 스마트 장갑을 끼운 채 일상생활에서 벌어지는 물건 집기나 종이 넘기기, 생선 굽기 등 다양한 행동을 연습할 경우에 기능은 물론 삶의 질까지도 더 긍정적이 된다는 것을 밝혔습니다. 가상현실 치료가 일상생활에 미치는 영향력을 가늠해볼 수 있는 것이죠.

거미공포증을 없애기 위한 가상현실 치료법

가상현실과 혼합현실 기술을 활용한 치료는 비단 통증 완화나 재활 치료에만 머무르지 않습니다. 공포증을 없애는 데도 가상현실 콘텐츠는 중요한 역할을 하고 있습니다. 공포증의 치료 방법은 공포의 원인이 되는 환경에 서서히 노출시킴으로써 적응 훈련을 하는데, 오랜 시간 동안 반복적으로 시행하며 적응도를 높입니다. 가령 고소공포증의 경우는 높이를 점차 높인다든가, 거미공포증의 경우는 한두 마리의 거미에서부터 시작해서 여러 마리의 거미를 눈앞에 펼쳐놓거나, 먼 거리에서 거미를 풀다가 점차 거리를 좁히는 식으로 공포증을 극복하죠.

확장현실은 의료 분야에서 재활과 치료 목적으로 이처럼 널리 사용되고 있고, 확산 정도도 매우 빠릅니다. 특히 재활치료나 신경정신학적 치료 분야에서 가상현실과 혼합현실의 활용

가능성이 높을 것으로 기대되죠. 진짜 같은 가짜를 통해 환자는 통증을 감소시키고, 재활을 합니다. 어떻게 하면 환자들에게 더 긍정적인 효과를 줄 수 있을까요? 앞으로는 실감 미디어가 단지 미디어 영역에만 머무는 것이 아니라, 인공지능과 로봇공학, 뇌파, 데이터 사이언스와의 융합을 통해 더욱더 효율적인 치료법을 제공할 것으로 예측됩니다.

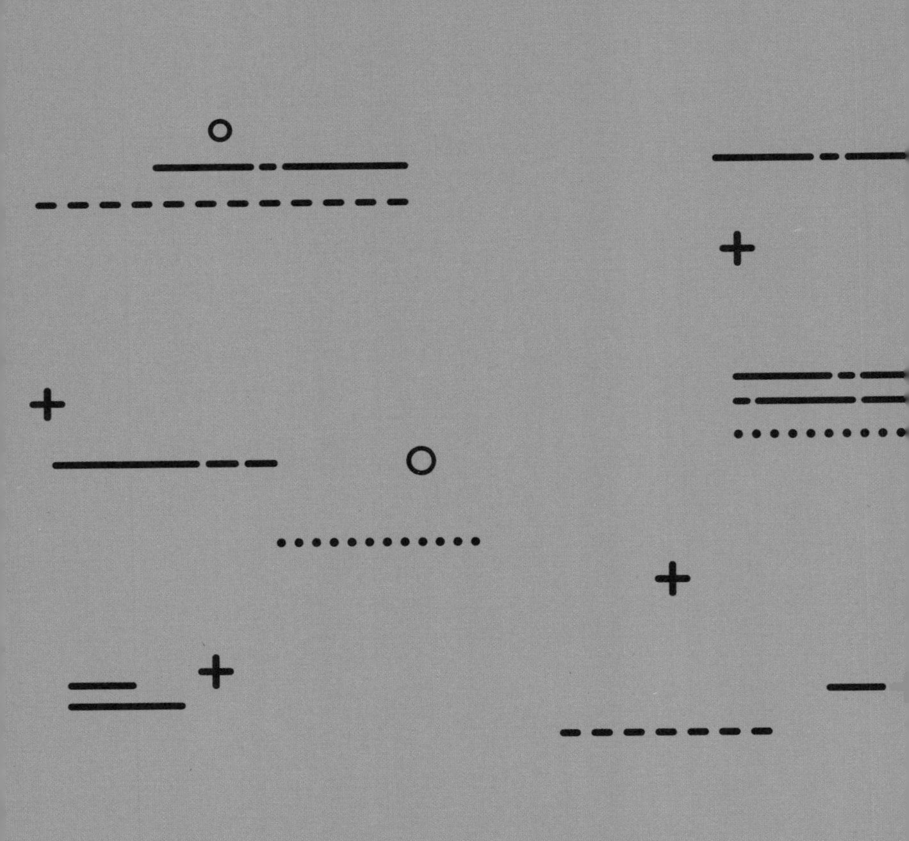

PART 4
MZ세대가
만들고,
MZ세대가
즐기는 실감
콘텐츠

확장현실, 마냥 좋기만 할까요?

▷ TV를 보다 갑자기 쓰러지다

1997년 12월 16일 일본에서 방송된 〈포켓몬스터 무인편〉 38화 '전뇌전사 폴리곤'을 시청하던 어린이들이 갑자기 발작과 함께 일부는 두통과 구토 증세를 보이며, 의식을 잃고 쓰러졌습니다. 일본의 소방방재청에 따르면 이날 전국적으로 685명이 구급차로 병원에 실려 갔는데, 이들 가운데 150여 명은 입원했고, 두 명은 2주 이상 병원에 입원했다고 합니다. 어린이들이 이러한 현상을 보인 이유는 광과민성 발작 증세 때문이었습니다. 광과민성 발작은 깜빡이거나 회전하는, 또는 빠르게 번쩍이거나 색들이 바뀌는 패턴이 나오는 영상에 노출될 경우 발생하는 증세입니다. 이런 일이 발생된 이유는, 첫째 어린이들이 TV를 너무 가까운 곳에서 시청했고, 둘째 섬광 이미지가 5초가 지속됐으며, 셋째 빨간색, 파란색, 보라색 등 눈에 자극적인 색의 반복이 지속됐기 때문인 것으로 추정됐습니다. 이런 일이 있고 나서 일본 방송에서는 빨간색 섬광 이미지는 1초에 세 번 이상 깜박여서는 안 되고, 섬광 이미지는 2초 이상 지속돼서는 안 된다는 애니메이션 제작 가이드라인을 만들었습니다. 또한 TV를 볼 때는 '방을 환하게 하고 멀리 떨어져서 보십시오'라는 오프닝 자막을 내보내기도 했죠.

눈은 민감합니다. 어두운 곳에서 스마트폰을 보거나, TV를 가까이서 볼 경우 눈이 아팠던 경험이 있을 겁니다. 실내에 있다가 갑자기 야외로 나갈 경우, 빛의 밝기가 갑자기 변하는 곳에서 앞이 안 보이면서 머리가 띵한 경우를 경험하듯이, 눈은 외부 환경, 특히 빛의 변화에 민감합니다. 또한 눈은 인공적인 빛의 노출에 매우 예민합니다. 눈의 특징이 이렇다 보니, 가상현실이 사용자의 시각에 미치는 영향에 대한 우려가 깊습니다. 시각이란 눈으로 입력되는 모든 정보를 뇌에서 해석하는 능력을 말한다고 앞에서 배웠습니다. 시각은 단지 눈이 좋다 나쁘다와 같은 눈의 역할(vision)이 아니라, 대상이 무엇인지 파악하는 뇌의 역할까지 포함하는 것이죠. 그래서 무언가를 봤을 때, 뇌에 미치는 영향까지 고려해야 합니다.

이런 점에서 가상현실은 위험한 미디어일 수 있습니다. 특히 어린이에게는 매우 조심스럽게 다가가야 합니다. 인간은 다섯 개의 감각을 통해 환경을 지각하고 인지하는데, 그중 시각은 외부 세계에서 받아들이는 감각 정보의 70퍼센트 이상을 차지합니다. 그런데 HMD를 쓸 경우는 온전히 눈에 의존할 수밖에 없습니다. 이런 과정에서 정보 과부하가 발생합니다. 정보과잉현상이라 불리기도 하는 정보 과부하는 인간의 정보처리 능력과 밀접한 관계가 있습니다. 인간이 가진 정보처리 기능에는 한계가 있는데, 처리해야 하는 정보의 양이 너무 많은 상태를 의미하죠. 이럴 경우, 시각 피로도를 비롯해 어지러움이나 멀미 등과 같은 심리적, 육체적 부작용을 일으킵니다. 또한 의사결정 과정에서 잘못된 결정을 내리기도 하고, 들어온 정보 자체를 무시하거나 정보처리를 포기하기도 합니다. 단지 오락용뿐만 아니라 기업에서 사용할 때에도 주의를 기울여야 하는 이유입니다. 이 외에도 어떤 문제점이 있는지 더 자세히 알아보겠습니다.

▷ 눈은 가상현실 + 몸은 현실 => 사이버 멀미

처음 가상현실을 경험하는 대부분의 사람은 5~10분이 지나면 어지럽다거나 토할 것 같다는 느낌을 호소하며 HMD를 벗습니다. 사이버 멀미 때문이죠. 사이버 멀미는 말 그대로 가

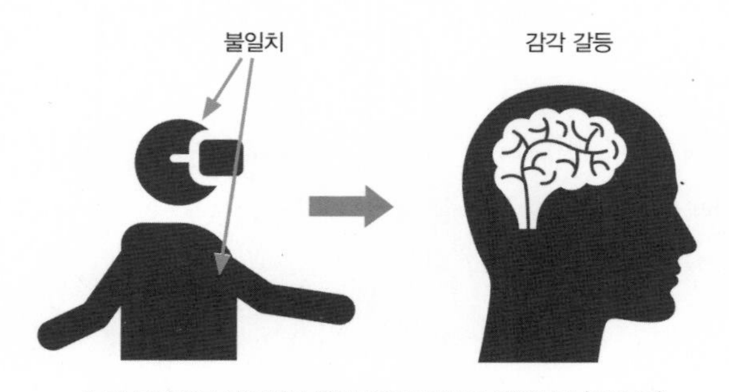

눈과 몸의 정보 불일치로 인해 사이버 멀미가 생깁니다.(그림 30)

상 환경이 두통, 피로, 어지러움, 구토, 현기증 등을 일으키는 증세를 말합니다. 시각으로 입력되는 정보와 전정기관을 통해 전달되는 정보가 일치하지 않아서 발생하는 증상인데, 쉽게 말하면 보는 정보와 몸으로 느끼는 정보가 다르기 때문에 뇌가 헷갈리는 것을 의미합니다. 이것을 감각갈등이론이라고 합니다.

예를 들면, 내 방에서 HMD를 쓰고 VR롤러코스터를 즐긴다고 할 때, 눈은 롤러코스터를 타는 것과 같은 경험을 하고 있는데, 몸은 그냥 가만히 앉아 있기 때문에 뇌가 헷갈린다는 것이죠. '아니 지금 롤러코스터를 타는 거야, 아니면 가만히 앉아 있는 거야?'라고 말입니다. 바로 이렇게 따로 노는 정보 때문에 뇌가 헷갈려 해서 발생하는 반응이 사이버 멀미입니다.

사이버 멀미는 가상현실의 근본적인 문제점입니다. 이를 해결하기 위해서는 기본적으로 우리의 시각과 몸이 이러한 환경에 익숙해져야 합니다. 가상현실 경험이 반복되면 뇌는 이러한 불일치를 일종의 새로운 정보로 인식하기 때문에 자연스러운 현상으로 받아들이게 되죠. 따라서 가상현실은 처음 받아들이기가 매우 힘듭니다. 특별한 이유가 있어서 반드시 써야 한다면 모를까, 즐겁게 하기 위한 도구로써 오락용으로 사용될 경우 '처음에 꾹 참아가면서 익숙해지려는 노력을 누가 할까?'라는 부정적 생각이 드는 것은 당연합니다.

또한 피로도 역시 가상현실이 확산되지 못하는 중요한 이유입니다. HMD를 쓰면 인간의 시야각과 스크린이 가깝기 때문에 시각 탐색에 대한 부담을 줄여준다는 장점과 동시에 쉽게 눈이 피로해진다는 단점이 있습니다. 불을 끈 채 침대에서 스마트폰으로 유튜브를 볼 때, 쉽게 눈이 피로해지는 원리와 동일합니다. 피로도는 시각 피로도뿐만 아니라 더 나아가 신체적 피로도와 심리적 피로도까지 가져올 수 있다는 점에서 해결해야 하는 중요한 문제입니다. 가상현실 기술은 시간이 흐를수록 정교해지고, 소형화되며, 다양한 액세서리를 함께 사용할 수도 있고, 상호 작용성도 커지고 있습니다. 그러나 이런 혁신적인 기술 발달이 이뤄지는데도 피로도 문제는 여전히 해결의 실마리를 찾기 힘듭니다. 가상현실이 대중화되기 위해서 극복해야 할 문제가 산적해 있습니다.

▷ VRUX, 기술과 함께 사용자를 보라!

기술을 공부하다 보면 자칫 기술만능주의에 빠질 수 있습니다. '기술이 좋으면 무엇이든 좋다'라는 생각이죠. Part 1에서 친개혁적 편향에 대해서 배웠다시피, 새로운 기술이 늘 좋은 것은 아닙니다. 가상현실 기술도 마찬가지입니다. 기술이 모든 것을 해결할 수 있다는 기술만능주의는 적절하지 않습니다. 물론 가상현실을 즐기기 위해 어느 정도의 기술 수준을 달성해야 하는 것은 당연한 기본 조건입니다. 그러나 일정 수준의 효과성과 효율성을 갖췄을 때 제품이나 콘텐츠, 서비스를 구매하고 사용하는 데 결정적 역할을 하는 것은 결국 감성입니다.

가상현실 환경에서 사용자 경험은 이미 VRUX(Virtual Reality User eXperience)라는 전문용어가 새롭게 만들어질 정도로 성공의 핵심 요인이 됐습니다. 온전히 테크놀로지를 통해 가상현실을 즐기는 것이기에 VRUX는 그 무엇보다도 중요하죠. 가상현실은 하드웨어, 소프트웨어, 콘텐츠와 사용자 인터페이스의 총체적 결과물입니다. 높은 수준의 하드웨어와 소프트웨어를 기반으로 한 콘텐츠는 상대적으로 더 높은 몰입 환경을 제공하지만, 무조건 기술 수준이 높을수록 좋다고 생각하는 것은 옳지 않습니다. 즉, 기술 수준이 높을수록 사용자의 만족감도 끝없이 상향선을 그리는 것은 아닙니다.

테크놀로지가 제공하는 가상현실이 어느 수준에 도달하면

갑자기 강한 거부감으로 바뀝니다. 이것을 '불쾌한 골짜기'라고 합니다. 1970년에 로봇공학 분야의 모리 박사가 처음 언급한 말인데, 그 중요성은 가상현실 환경에도 적용됩니다. 우리가 로봇을 처음 보면 호기심 때문에 로봇에 대한 호감도가 생깁니다. 그리고 로봇의 모습이 사람의 모습과 흡사해질수록 느끼는 호감도 역시 계속 증가하죠. 그러다가 어느 시점에 도달하면 갑자기 강한 거부감으로 바뀝니다. '기대가 크면 실망도 크다'라는 생각 때문일까요? 완벽한 인간의 모습을 갖기 전의 로봇의 모습과 행동이 인간과는 달리 이상하게 보여서 거부감이 생깁니다.

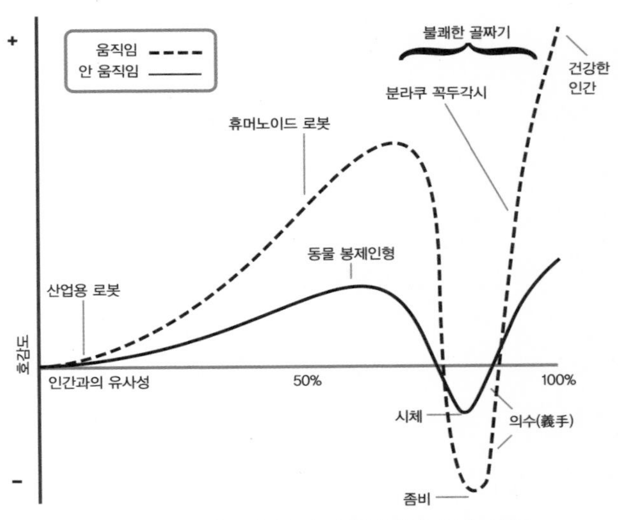

가상현실은 불쾌한 골짜기를 잘 극복할 수 있을까요?(그림 31)

바로 이 지점을 불쾌한 골짜기라고 합니다. 그러다가 로봇의 외모와 행동이 인간과 거의 구별할 수 없을 정도가 되면 호감도는 다시 증가해 인간이 인간에 대해 느끼는 감정의 수준까지 접근합니다(Mori, MacDorman, & Kageki, 2012)[34].

그렇다면 가상현실이 불쾌한 골짜기에서 빨리 벗어나기 위한 방법은 무엇일까요? 하나의 방안이 바로 VRUX입니다. 가상현실은 컴퓨터 그래픽으로 만든 환경이기 때문에 사용자가 가장 만족할 수 있는 최적 환경이 무엇인지 찾는 것이 중요합니다. 앞서 설명한 미디어 풍요성과 상호 작용성 등을 통해 높은 프레즌스를 경험하게 해야 하는 것이죠. 진짜와 같은 경험을 느낄 수 있는, 즉 불쾌한 골짜기에 빠지지 않거나 이를 극복할 수 있는 최적의 환경을 찾아야 합니다. 이 모든 것은 사용자 경험에 근거해 평가하기 때문에 사용자 경험을 이해하는 것은 매우 중요합니다. 인간을 먼저 이해해야 한다는 말입니다. 인간 경험에 비춰 꾸준히 최적의 환경을 찾고, 이를 하드웨어와 소프트웨어, 콘텐츠 제작에 적용할 때만이 비로소 사용자가 가상현실을 즐길 준비가 된 것입니다.

▷ HMD가 나보다 나를 더 잘 알 수 있다?

확장현실을 얘기하면서 등한시되는 이슈가 있는데, 개인 정보의 문제를 간과할 수 없습니다. 누군가 나를 찍고 있다면? 내가 알지 못하는 사이에 사진과 영상을 찍고 있다면? 그리고 누군가 이것을 방에서 가상현실 속에 투영해 상호 작용한다면? 상상 속의 이야기이지만 그리 먼 미래의 이야기는 아닙니다. 가상현실 디스플레이와 관련해서도 개인 정보는 고민거리입니다. 물론 영상을 단지 보기만 한다면, 마치 TV 시청을 하는 것처럼 특별할 것도 없지만, 문제는 HMD가 영상을 시청하는 도구도 되지만, 영상을 찍을 수도 있고, 영상을 시청하는 시청자의 데이터를 수집할 수도 있는 도구도 된다는 점입니다.

소셜미디어 회사인 페이스북이 오큘러스를 총 30억 달러(약 3조 6,000억 원)라는 거금을 주고 인수한 이유는 가상현실의 주요 사업 영역인 게임이나 성인용 엔터테인먼트 산업에 진출하기보다는, 가상현실 속에서 사람을 만나게 하거나 사용자의 행동 패턴 분석을 통한 마케팅 자료로 활용하려는 목적입니다. 페이스북은 2020년부터 페이스북 호라이즌(Horizon)이라는 가상 환경을 만들어서 페이스북 사용자들에게 새로운 경험을 제공하고 있습니다. 자신이 원하는 아바타를 직접 만들고, 실시간으로 가상현실에서 글이 아닌 말로 대화를 하며 사람들을 만나고 즐기게끔 만들려는 것이죠. 그런데 여기에서 놓치지 말아야 할 것이 있는데 바로 HMD의 역할입니다. HMD는 머리에 써야 하기 때문에 기기나 밴드에 뇌파를 측정할 수 있는 측정도구를 삽입시키기가 좋습니다. 거의 대부분 잘 읽지 않는 개인 정보

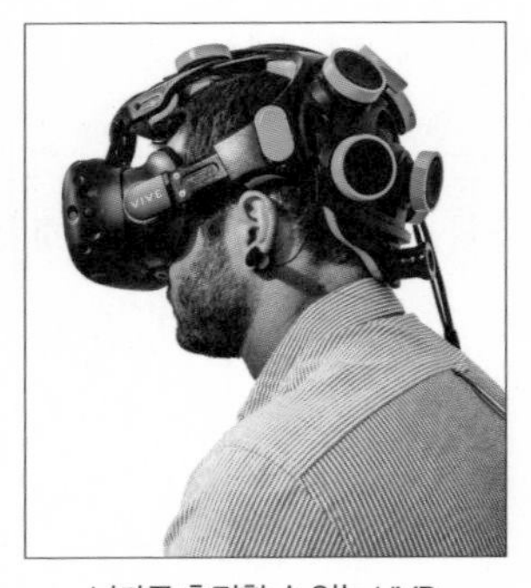

뇌파를 측정할 수 있는 HMD
(그림 32)[35]

동의서에 사용자의 심리생리학 데이터를 수집한다는 문구만 넣으면, 가상현실 환경에서의 행동 패턴을 HMD를 통해서 데이터로 수집할 수 있게 되는 것이죠. 편리한 만큼, 그리고 멋진 경험을 무료로 즐길 수 있는 만큼, 개인 정보 노출 가능성도 그만큼 크다고 할 수 있습니다.

뇌파와 같은 심리생리학 정보는 나의 무의식적인 행동이 의미하는 정보를 수집할 수 있습니다. 내가 어떤 것을 봤을 때 흥분했는지 또는 아무런 관심이 없는지 뇌파는 알고 있습니다. 기업은 특정 영역에 마킹을 한 후 사용자가 그 영역에 노출이 됐을 때 뇌파를 측정해서 사용자의 관심사를 파악할 수 있습니다. 나도 모르는 사이에 내가 어떤 것을 좋아하는지 정보를 수집해서, 나에게 딱 맞는 광고를 할 수 있다는 얘기입니다.

소셜 VR을 위해서 페이스북이 만든 페이스북 호라이즌

사실 페이스북을 비롯한 대부분의 사이트에서는 지금도 사용자 정보를 수집합니다. 페이스북에 로그인하지 않아도, 심지어 페이스북 회원이 아니어도 어느 웹사이트를 다녀왔는지 추적합니다. 쿠키를 활용한 정보 데이터를 페이스북은 광고, 특히 사용자 맞춤형 광고에 사용합니다. 지금도 우리의 개인 정보가 노출돼 있고, 앞으로도 그렇게 될 것입니다. 가상현실에 사용되는 HMD든, 혼합현실에 사용되는 고글이든, 사용자의 뇌파 측정이 가능하다는 점에서 어떻게든 사용자의 심리생리학적 데이터를 측정하고 활용하려고 할 것입니다. 확장현실이 대중화됨에 따라 고려해야 할 문제가 적지 않습니다.

사용자 경험이란 무엇인가요?

이제는 UX라는 용어로 널리 알려진 사용자 경험은 말 그대로 사용자가 경험하는 모든 것, 모든 감정과 지각, 인지, 행동 등을 의미합니다. 쉽게 말하면 개인이 어떤 제품을 얼마나 효과적이고 효율적이며 만족스럽게 사용하는가를 뜻하죠. 효과성과 효율성, 그리고 감성을 통해 평가할 수 있는 총체적 경험으로, 어느 하나만 좋아서 되는 것이 아니라 이 세 가지 요소가 균형 잡힐 때 사용자 만족은 극대화될 수 있습니다.

잘 안 팔리는 제품이나 사용이 미미한 서비스를 만드는 회사의 직원이 "이 좋은 것을 왜 안 쓰지?"라고 말한다면 질문을 바꿔야 합니다. "왜 사용자가 꼭 이것을 선택해야 하지?"라고 질문하고, 이에 대한 답을 해야 그 기술과 서비스는 성공할 수 있을 것입니다. "이렇게 잘 썼으니 선생님은 100점을 주실 거야"라는 생각보다 "내가 선생님이라면 왜 이 숙제에 100점을 줘야 할까?"라는 질문을 계속 던져야 여러분의 성적은 더 좋아질 것입니다. 여러분이 숙제를 낼 때 숙제를 채점하는 선생님께서 여러분의 사용자라는 생각을 하라는 얘기입니다. 수시 입학 시험 인터뷰나 취업 인터뷰를 보기 위해 꼭 준비해야 할 것은 "왜 나를 뽑아야 할까?"라는 질문에 대한 답입니다.

만드는 사람이 아닌 사용하는 사람의 입장에서 바라보면 안 보이던 것이 보이게 되고, 필요와 불필요의 기준이 달라집니다. 사용자 관점의 패러다임이 무엇보다도 중요한 시대입니다.

우리 삶으로 들어오는 확장현실

▷ TV는 멀고, 모바일은 가깝다

대부분의 집 거실을 차지하고 있던 TV, 그리고 TV 채널을 고르기 위해 싸움을 일으켰던 리모컨은 이제 그 자리를 모바일 기기에 빼앗겼습니다. 가상현실이 대중적으로 인기를 얻을 수 있는 이유도 스마트폰에서 기인했습니다. 비록 360도 동영상은 가상현실에 포함되지는 않지만, 가상현실을 경험하게 만드는 좋은 시발점이 됐습니다. 그만큼 접근성을 높였기 때문이죠. TV와 같은 고정된 2차원 스크린을 통해 콘텐츠를 소비하는 경험과는 전혀 다른 새로운 경험은 사용자를 열광시켰습니다.

OTT에서 제공하는 스트리밍 서비스는 HMD로도 볼 수 있게 됐습니다. KT, LG 유플러스, SKT 등의 통신사는 이미 오래전에 자사의 모바일 OTT에 '360도 동영상 전용관'을 만들었습니다. 지상파와 종편에서 방송하는 예능, 스포츠는 물론 단편영화, 리얼리티쇼 등 자체 제작 콘텐츠를 선보이고 있습니다. 미국에서는 추수감사절 연례행사인 메이시스 추수감사절 퍼레이드를 매년 유튜브를 통해 360도 동영상으로 생중계를 하고, 많은 연례 이벤트들이 360도 동영상을 유튜브로 제공하는 것이 필수가 됐습니다. 이제는 TV가 아닌 HMD로 각종 이벤트 현장을 더 생생한 현장의 분위기를 느낄 수 있게 됐습니다.

유튜버와 더 실감 나게 마주할 날도 얼마 남지 않았습니다. 평면 모니터가 아닌 HMD로, 게다가 360도 동영상으로 좋아하는 유튜버를 바로 눈앞에 있는 것처럼 볼 수 있습니다. 또한 시야에 꽉 찬 영상은 이전에는 보지 못한 생생한 경험을 줄 것입니다. 이 밖에도 공연 준비 과정과 스튜디오에서 무슨 일이 일어나는지 볼 수 있도록 360도 동영상을 통해 사용자가 원하는 장면을 볼 수 있다는 점은 매력적인 보너스로, 때로는 이러한 무대 뒤 이야기가 더 큰 재미를 주기도 합니다.

TV가 없어지지는 않을 것입니다. 그러나 이미 10대에서 30대에게는 스마트폰이 TV를 대체하는 필수 미디어가 됐고, 이런 경향은 전 세대로 확대되고 있습니다. 이에 따라 스마트폰에 최적화된 콘텐츠 수요도 함께 증가하고 있습니다. 이런 점에서 확장현실 콘텐츠는 모바일 시대에 적합한 콘텐츠일 수 있습니다. 그렇다면 앞으로 확장현실의 미래는 어떻게 될까요?

▷ 스포츠에 강한 360도 동영상, 쇼핑에 강한 혼합현실

먼저 360도 동영상입니다. 360도 동영상은 현재 우리가 보는 영상 콘텐츠와 유사하기 때문에 사용자가 받아들이는 데 큰 문제가 없습니다. 그러나 명심해야 할 것이 있습니다. 텔레비전에서 보는 것과 같은 영상과 별다른 차별점 없이 360도로 찍는다는 것만으로 사용자의 선택을 받을 것으로 착각하면 안 됩니다. 360도 동영상은 360도를 모두 영상에 담는다는 점에서 기존의 영상 제작 과정과는 많이 다릅니다. 360도로 영상이 제공되기 때문에 이론적으로 말하면 사용자는 자신이 원하는 장면을 선택해서 볼 수 있습니다. 그러나 이렇게 되면 작가가 원하는 스토리라인대로 진행되기 힘들기 때문에, 영상 속에서 스토리라인을 따를 수 있는 단서를 계속 배치하는 식으로 사용자를 끌고 가야 합니다. 즉 새로운 영상 문법이 필요합니다.

360도 촬영이다 보니까 재미있는 에피소드도 있습니다. 360도 드라마를 제작할 때 가장 힘든 점이 무엇일까요? 영상을 촬영하는 장면을 상상해보면 쉽게 그려질 것 같습니다. 예, 그렇습니다. 바로 제작진들이 보이지 않게 찍어야 한다는 것입니다.

기존에는 모든 제작진이 카메라 뒤편에 서서 소리만 안 내는 것으로 충분했지만, 이제는 카메라맨, 조명팀, 음향팀, 연출, 조연출 등 모두 보이지 않는 곳에 숨어야 합니다. '레디 고'를 외치면 숨어 있다가, '컷'을 외치면 우르르 나와서 메이크업 아티스트는 배우의 얼굴을 다시 고쳐주고, 코디네이터는 옷매무새를 가다듬는 행동을 매 테이크(Take)마다 해야 합니다. 얼마나 많은 시간과 노력이 필요할지 상상이 되나요?

그래서 360도 동영상은 드라마와 같은 정적인 장르보다는 현장감을 살려야 하는 콘텐츠에 더 적극적으로 활용될 것입니다. 시끌벅적한 현장 분위기가 돋보이는 것은 역시 스포츠겠죠. 앞에서 말한 360도 동영상 촬영의 어려움이었던 제작진들이 카메라에 잡히는 것도 경기장의 생생함을 전달해주니 별문제가 아니기도 하고요. 그래서 현재 미국에서는 360도 동영상 스포츠 중계를 갈수록 확대하고 있습니다. 미국에서 가장 인기 있는 풋볼 경기를 비롯해서, NBA의 농구 경기, 내스카(Nascar)의 자동차 경주 등을 360도 동영상으로 생중계를 하고 있습니다. 어떻게 하면 현장감을 더욱 살릴 수 있을지 여전히 360도 동영상은 숙제를 갖고 있으나, 스포츠와 같은 특정 분야 제작의 양과 질은 매년 증가할 것이라는 것에 의심의 여지는 없습니다. 경기장에 있는 수십 대의 카메라 중에 사용자가 원하는 카메라를 직접 선택하고, 그 카메라로 원하는 장면을 선택하는 미디어 풍요성과 상호 작용성을 어떻게 잘 적용시킬 것인가를 고민해야 합니다.

두 번째는 혼합현실입니다. 혼합현실은 기술적으로 그리 어렵지 않습니다. 가상의 대상물을 현실 세계에서 정확하게 배치시키고 이것과 자연스럽게 상호 작용하는 기술이 필요한데, 그 정확도와 자연스러움은 매년 놀랍도록 빠르게 향상되고 있습니다. 사용자 경험 관점에서 봤을 때도 사용하기 쉽고 편리하며, 유용하면서 감성적으로도 큰 불편이 따르지 않기 때문에 비대면 사회가 지속될수록 더 빠르게 적용 분야가 확대될 것입니다. 특히 네이버 쇼핑이나 카카오 쇼핑, 쿠팡과 같은 커머스 사이트에서 적극적으로 채택될 것입니다. 혼합현실은 무엇보다도 보완미디어로 긍정적 역할을 할 것입니다. 텍스트나 이미지, 동영상으로 제공되는 콘텐츠와 더불어 사용자가 직접 경험할 수 있게 함으로써 교육, 체험 마케팅, 훈련 등 B2B와 B2C용으로 모두 적절하게 활용될 것입니다.

▷ 갈 길 먼 가상현실, 공연에 특화된 홀로그램

가상현실은 이야기하기가 매우 조심스럽습니다. 대중적으로 소개된 지 적지 않은 시간이 흘렀으나 여전히 초기 상태입니다. 모두가 가상현실을 말하지만, 가상현실은 제대로 연구가 된 분야도 아니고, 앞으로도 어떻게 될지 예측하기가 쉽지 않습니다. 가상현실은 100퍼센트 컴퓨터 그래픽으로 만들어야 하기 때문에 손이 많이 갑니다. 그만큼 시간도 오래 걸리고 비용도 많이 들죠. 1분 정도의 간단한 콘텐츠를 만드는 데도 수천만 원이 듭니다. 인력이 부족해서 부르는 게 값일 정도입니다. 따라서 가상현실 환경을 구현할 수 있는 프로그램이 조금 더 쉬워지고 다양해져야 하며, 인력이 확충될 시간이 필요합니다.

더 큰 문제는 사용자 경험 관점에서 좋지 않은 미디어란 점입니다. 일단 머리에 HMD를 써야 한다는 점은 커다란 문제점입니다. 머리가 헝클어지는 것부터 일단 싫고, 화장이 지워지는 것도 짜증 납니다. 5분 정도만 봐도 머리가 아파오고 속이 메슥거립니다. 사용자에게 최적의 경험을 선사하기에는 가상현실의 기술적 혁신이 더 요구됩니다. 따라서 가상현실의 경우는 시장의 확대가 쉽게 이뤄질 것 같지 않습니다. 그래서 구글은 2019년 10월 VR 콘텐츠 플랫폼 사업을 종료했습니다. 반면 의료나 군사, 우주개발과 같이 큰 비용과 위험이 따르면서도 반드시 필요한 분야에서는 개발의 속도가 빨라질 것입니다. B2B 사업으로는 가능성이 있지만, 일반 사용자를 대상으로 한 시장은 오랜 시간이 걸릴 것 같습니다.

홀로그램은 너무나 먼 미래의 미디어지만, 유사 홀로그램은 현재 진행형입니다. 굳이 '유사'라는 말을 붙이지 않아도 될 정도로 유사 홀로그램은 홀로그램처럼 받아들여집니다. 홀로그램이 가장 활발하게 활용될 분야는 공연과 옥외 광고입니다. 공연은 앞서 살펴본 것처럼 투명 스크린에 영상을 비추는 것만으로도 훌륭한 공연이 될 수 있지만, 실제 아티스트의 공연에 홀로그램 영상이 보조적 역할을 함으로써 환상적인 분위기를 연출할 수 있습니다. 홀로그램은 공연장 말고도 곳곳에서 보이기 시작했습니다. 팬 디스플레이(Fan display)를 활용한 홀로그램이 광고 게시판 대용으로 활용되고 있기 때문입니다. 지하철역이나 상점가 등 어두운 곳에서 영상들이 마치 허공에 떠 있는 것처럼 보여 호기심을 자극합니다. 광고의 기본 목적인 주목을 끄는 데 안성맞춤이죠. 홀로그램은 앞으로도 공연과 광고 도구로써 많

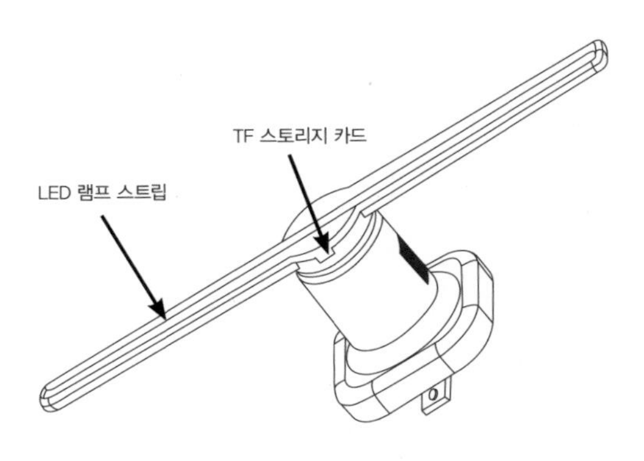

LED 팬 디스플레이 홀로그램 구조(그림 33)

이 활용될 것으로 보입니다.

▷ 다가올 미래에 대한 두려움과 기대

확장현실은 다양한 분야에서 사용되면서 우리 생활에 많은 영향을 줄 것입니다. 실제와 유사하지만 실제가 아닌 환경을 제공하며, 직접 경험할 수 없는 것을 경험할 수 있게 해주고, 더불어 공간적, 물리적 제약과 상관없이 간접적인 경험을 가능하게 만들 것입니다. 가상과 현실의 경계는 더 열어질 것이고, 현실보다 더 드라마틱한 현실감을 보여주는 콘텐츠가 소개될 것입니다. 디스플레이의 두께는 얇아지고, 크기는 커지면서도, 가격은 저렴해지기 때문에 현재 유리창으로 돼 있는 공간은 그대로 디스플레이로 대체될 것이고 끊임없이 콘텐츠가 유통되는 공간이 더 많아질 것입니다. 뉴욕 맨해튼의 타임스스퀘어같이 디스플레이가 뒤덮인 장소가 곳곳에 생기겠죠. 디스플레이는 인간이 사용하고 있다는 존재감을 잊을 정도로 인간생활에 녹아들게 되고, 디스플레이가 제공하는 세계와 현실 세계의 물리적 간극이 좁아지면서 새로운 체험을 하게 될 것입니다.

둘둘 말리는 디스플레이를 장착한 롤러블 TV와 폴더블 폰은 이미 시장에 나와 있고, 화면을 돌돌 마는 롤러블 폰은 2021년 1월에 CES에서 소개됐습니다. 다음에 나올 혁신적인 실감미디어는 무엇일까요? 〈해리포터〉에 나왔던 움직이는 신문, 〈마

온 건물이 디스플레이화되어 있는 타임스스퀘어(그림 34)[36]

이너리티 리포트〉의 조정실, 〈스타워즈〉의 홀로그램 등은 조금 먼 미래이긴 하지만, 단계적으로 현실에서 구현되겠죠. 홀로렌즈와 립모션은 〈마이너리티 리포트〉의 조정실을 당장에라도 유사하게 재현할 수 있습니다. 유사 홀로그램은 홀로그램은 아니지만

매력적으로 그 효과를 발휘할 수 있습니다. 미래의 확장현실은 단지 영상을 보고 즐기는 것에 그치는 것이 아니라, 인간의 의식과 인지, 태도, 감정 등 상상 이상의 개인적, 사회적 변화를 초래할 것입니다. 이런 시대가 되면 지금의 패러다임으로는 상상조차 어려운 긍정적, 부정적 결과물이 양산되겠죠.

영화 〈인셉션〉에는 루시드 드리머(Lucid dreamer)의 이야기가 나옵니다. 모든 꿈을 자유자재로 조종할 수 있는 루시드 드리머는 꿈속에 침투하기 위해 특수한 약물과 '드림 머신'이라는 기계를 통해 꿈을 공유하죠. 영화에서는 약물을 제조하는 유서프가 지하실에서 강력한 진정제를 투여해 현실로 돌아오지 않는 사람들을 보여줍니다. 현실보다 더 화려하고, 내가 바라던 모든 것들이 꿈속에서 이뤄지기 때문에, 그들은 꿈에서 깨어나길 거부하죠. 디스플레이 기술의 현실감이 현실 이상이 되고, 그로 인해 몰입감이 높아지면 확장현실의 세계에서 나오지 않으려는 사람들이 있을지도 모르겠습니다. 현실의 관계를 포기하고, 가상현실에서 삶의 만족을 추구하는 사람들이 많아질 수도 있겠고요. 지금도 자신만의 세계에 빠져 밖으로 나오지 않는 '히키코모리'와 같은 사람들이 존재하지만, 10년 뒤에는 이러한 디지털 히키코모리의 출현이 더 큰 규모로 존재하게 될지도 모릅니다.

디스플레이 기술의 발전이 가져오는 미래가 어떻게 진행될지, 우리가 원하는 긍정적인 방식으로 진행될 수 있을지, 기대와 함께 우려도 됩니다. 확장현실로 인해 대인 커뮤니케이션이 더 강화될지 아니면 약화될지, 그것도 아니면 새로운 형식의 커뮤니케이션 양식이 탄생할지 두고 볼 일이죠. 테크놀로지는 그 자체로 사회적 가치를 포함하는 동시에 사용자의 가치와도 상호작용합니다. 따라서 확장현실이라는 가치를 사용자가 어떻게 활용하는가에 따라 긍정적인 결과도, 부정적인 결과도 가져올 수 있습니다. 테크놀로지와 미디어는 결국 그것을 활용하는 사용자의 몫이겠죠. 가지 않은 길은 늘 기대와 두려움이 함께합니다. 확장현실의 미래가 어떻게 될지, 그로 인해 어떤 변화가 일어날지 두고 볼 일입니다.

체험 마케팅이 뭐죠?

체험 마케팅(Experiential Marketing)은 고객이 실제로 경험하게끔 만드는 것을 목적으로 합니다. TV에서 광고를 하고, 온라인으로 구매를 할 수 있는 상황에서 고객이 직접 체험할 수 있는 공간을 만들고, 이벤트를 만드는 이유는 뭘까요?

여기에는 두 가지 중요한 인간의 심리가 숨어 있습니다. 먼저 불확실성을 감소시키려는 노력입니다. 반지나 립스틱을 사고 싶은데 온라인으로 살 경우 아무래도 한 번에 마음에 들기가 쉽지 않죠? 그래서 매장에서 직접 체험을 한 후에 구매를 결정합니다. 두 번째는 자기표현입니다. 요즘은 식당에서 식사를 하기 전에 사진을 찍고 인스타그램에 공유를 하는 것이 매우 자연스럽습니다. 기업 역시 온라인에서 자사의 브랜드나 제품이 공유되기를 바라는 목적에서 이를 적극적으로 활용하려고 합니다.

즉, 체험 마케팅은 자연스럽게 참여 마케팅(Engagement Marketing)으로 이어집니다. 고객이 알아서 홍보를 해주는 것이죠. 이런 점에서 혼합현실이나 가상현실은 체험 마케팅으로 활용되기 좋은 미디어입니다.

게임 엔진 하나면 뭐든지 만들 수 있어

▷ 확장현실은 MZ세대를 위해 존재한다

MZ세대는 영상 세대입니다. 텍스트보다는 영상을 선호하죠. 무언가를 찾을 때도 네이버나 구글에서 키워드 검색을 하기보다는 유튜브에서 찾는 것을 선호합니다. 또한 무언가를 배울 때도 유튜브와 같은 영상 콘텐츠로 배우는 게 좋지 활자화돼 있는 것은 싫어합니다. 그래서 이 책도 가능한 한 유튜브를 통해서 정보와 재미를 함께 전하려고 합니다.

그런데 커뮤니케이션은 다릅니다. MZ세대는 카톡이나 페이스북 메신저와 같은 메시지를 좋아하지, 전화나 영상통화는 거의 하지 않습니다. 왜 이런 일이 발생할까요? 보는 것은 좋아하는데, 내 모습이 드러나는 것을 싫어하는 이유는 무엇 때문일까요?

앞서 설명했지만, 풍요로운 미디어는 많은 정보를 담고 있습니다. 많은 정보는 해석을 하기 위한 노력이 필요하죠. 밀도가 높은 정보, 즉 대인 커뮤니케이션에서는 그만큼 신경 쓸 게 많다는 의미입니다. 그래서 MZ세대는 그냥 메시지로 이야기하는 것을 가장 편안하게 생각합니다. 간단하고 빠르게 커뮤니케이션하고 싶기 때문이죠.

페이스북을 비롯한 많은 기업들은 향후 가상현실의 미래 중 유망한 분야를 소셜 VR로 전망합니다. 소셜 VR은 다른 사람과 관계를 맺기 위한 가상 환경을 말하죠. 여러분은 이러한 소셜 VR에서 사람을 만나고, 관계를 지속하고 싶은가요? 전화도 하기 싫어하는 여러분이 과연 소셜 VR에서 자기를 드러내고 사람들을 만나려고 할까요? 만일 여러분도 그렇게 생각한다면 소셜 VR이 성공할 확률은 거의 없습니다. MZ세대의 지지를 받지 못하는 확장현실은 성공할 수 없기 때문이죠. 그러면 이렇게 생각해보면 어떨까요? 만일 여러분이 확장현실을 만들 수 있다면, 무엇을 만들고 싶은가요? 여러분이 만들고 싶어 하는 것은 아무래도 여러분 친구들도 좋아하지 않을까요?

확장현실은 현재 개발 중인 기술이고 주 사용자는 MZ세대입니다. 영화나 드라마는 여러분보다 훨씬 잘 만드는 사람이 너무나 많지만, 확장현실 기술과 콘텐츠는 이제 시작 단계이기 때문에 전문가의 부족으로 개발에 어려움을 겪고 있습니다. 여러분이 사용자이므로 개발자가 된다면, 아무래도 더 멋진 콘텐츠를 만들 수 있지 않을까요? 자, 그렇다면 과연 확장현실에 관심이 있다면 무엇을 준비해야 할까요? 확장현실 전문가가 되는 팁을 알려드리는 것으로 이 책을 마무리하겠습니다.

▷ 게임에서 영화, 가상현실까지

영상 콘텐츠를 만들어본 사람은 알겠지만, 영상을 만들기 위해서는 크게 두 개의 과정을 겪어야 합니다. 카메라로 영상을 찍는 것과 편집하는 것이죠. 물론 그전에 기획을 해야 하고, 시나리오를 써야 하는 등 전체 과정은 더 복잡하지만, 실제로 영상을 만든다는 의미에서는 결국 찍는 것과 편집하는 것이 가장 중요합니다.

유니티 엔진으로 만든 영화

확장현실, 즉 실감 콘텐츠는 어떻게 보면 영상 콘텐츠를 만드는 과정이라기보다는 프로그래밍 과정입니다. 카메라로 촬영을 하는 과정은 모션 캡처가 대신하고, 실시간으로 모션 캡처되면서 모든 환경은 게임 엔진으로 만들게 됐습니다. '영상 편집 프로그램' 하면 가장 널리 알려진 것은 애플의

파이널컷(Final Cut) 프로와 어도비 프리미어(Adobe Premiere) 프로입니다. 촬영한 영상을 이리 붙이고, 저리 붙이며, 자막을 달고, 효과음을 넣어서 하나의 작품을 만들죠. 실감 콘텐츠도 마찬가지입니다. 언리얼 엔진이나 유니티로 CG를 만들고 편집해서 하나의 작품을 만듭니다.

언리얼 엔진과 유니티는 원래 게임 제작용으로 만든 엔진입니다. 그런데 최근에는 영상, 디자인, 시각화 등에 많이 활용되고 있습니다. 애니메이션으로 유명한 픽사(Pixar)사의 최초 VR 영화인 〈코코(Coco, 2017)〉, 〈디스트릭트 9(District 9, 2009)〉의 감독인 닐 블롬캠프(Neill Blomkamp)가 만든 〈아담(Adam: The Mirror, 2017)〉은 유니티 엔진으로만 만든 영화입니다. 이 밖에도 〈정글북(Jungle Book, 2016)〉, 〈블레이드 러너 2049(Blade Runner 2049, 2017)〉, 〈레디 플레이어 원(Ready Player One, 2018)〉 등도 유니티를 활용해 만들었습니다.

이러한 게임 엔진은 장점이 많습니다. 무엇보다도 리얼타임 렌더링이 가장 큰 장점입니다. 기존의 작업은 모두 오프라인(Offline) 렌더링을 해야 하므로 오랜 시간과 비용이 들었죠. 그러나 게임 엔진은 리얼타임 렌더링 기술을 사용하므로 실시간 작업이 가능합니다. 3D 그래픽을 이용하는 디지털 엔터테인먼트 업계에서는 이것을 혁명으로 받아들일 정도로 대단한 변화입니다. 어려운가요? 조금 더 풀어서 설명을 하겠습니다.

영상을 만드는 과정을 그려보면, 촬영을 하고, 촬영한 영상을 편집하는데, 이때 컴퓨터 프로그램을 사용하여 촬영한 영상에 가상의 그래픽을 만들어내죠. 이것을 오프라인 렌더링이라고 합니다. 일반적인 제작 방식입니다. 그런데 게임 엔진은 영화 세트장에서 촬영과 동시에 실시간으로 CG를 입혀 결과물을 확인하고 수정 작업을 합니다. 이것을 바로 리얼타임 렌더링이라고 합니다. 리얼타임 렌더링을 소개한 옆의 동영상을 보면 이해하기가 더욱 쉽습니다. 별것 아닌 것 같지만, 영상 제작 과정에서는 획기적인 변화입니다.

▷ 사실감, 정교함, 자연스러움을 살리는 게임 엔진

혼합현실이나 가상현실과 같은 실감 콘텐츠를 만드는 데에도 언리얼 엔진과 유니티가 쓰입니다. 이 두 개의 게임 엔진으로 만든 콘텐츠는 사실성이 매우 뛰어납니다. 게다가 작업을 더 빠르고 쉽게 만들어주기도 하죠. 가령 한 캐릭터가 넓은 들판을 지나친다고 해보죠. 그러면 구름이 흘러가며 그림자를 만들기도 하고, 안개가 끼기도 한 장면이 필요할 것입니다. 이러한 게임 엔진은 복잡한 환경을 단지 클릭 하나로 바꿀 수 있게 만듭니다. 햇빛의 방향이나 바람의 흐름 등을 정확히 계산해서 한 곳

작업 시간과 노동력을 현저히 줄이면서도 매우 정교한 비주얼 효과를 낼 수 있습니다.

만 터치해도 모든 것이 자연스럽게 바뀔 수 있게 프로그래밍돼 있죠.

두 게임 엔진에 대해서 자세히 알아보겠습니다. 먼저 언리얼 엔진은 에픽게임즈(Epic Games)의 게임 제작 엔진으로부터 출발했습니다. 게임을 좋아하는 독자는 잘 알겠지만, 에픽게임즈는 '포트나이트'를 만든 회사이고, 이 게임을 바로 언리얼 엔진으로 제작했습니다. 그러나 현재는 게임에 국한되지 않고 다양한 개발 템플릿을 제공하는 것으로 발전됐습니다. 언리얼 엔진은 예술적 완성도를 높이기 위한 최고의 솔루션으로, 다른 게임 엔진보다 비주얼 편집 도구 기능이 더 충실하고 다양합니다. 특히 제작 환경상, 협업을 중심으로 하기에, 팀 작업에 적합한 툴과 워크플로우를 제공해서 다양한 분야의 인재들이 협업할 수 있는 환경을 제공하는 것도 장점이죠.

현실 물리 체계를 그대로 가상에 재현해내는 물리 기반 렌더링을 지원함으로써, 정교한 빛의 표현이나 움직임의 표현이 뛰어납니다. 예를 들어, 실제 총의 궤적이나 속도를 적용함으로써, 적과의 거리, 속도 등을 고려해 총을 쏴야만 적에게 적중할 수 있을 정도로 정교한 플레이가 가능합니다. 또한 리얼타임 렌더링은 가상현실과 혼합현실이 가져야 하는 즉각적인 상호 작용성을 구현하는 데 적합하죠. 강력한 그래픽 성능과 편리한 인터페이스, 시장의 동향에 따른 빠른 변화와 적응 등을 장점으로 게임 엔진 산업을 주도하고 있습니다.

수술로 인해 '2020 MAMA'의 마지막 곡 'LIFE GOES ON' 무대에 불참한 슈가는 언리얼 엔진의 도움으로 자연스럽게 무대에 함께한 것처럼 보였습니다.

다음은 유니티입니다. 유니티는 가상현실, 혼합현실, 홀로그램 등 실감 미디어 콘텐츠를 제작하는 데 가장 많이 활용되고 있습니다. 유니티는 원래 플래시로 구현이 힘든 3D를 구현하기 위해 만들어진 제작 툴이었지만, 가볍고 저렴한 비용으로 스마트폰 게임개발 시장에서 성공했고 이를 기반으로 가상현실 시장까지 확장돼 사용되고 있습니다. 유니티의 최대 장점은 사용자 친화적이라는 점입니다. 직관적이며 간단한 버튼 조작만으로도 빌드가 가능해서 처음 사용하는 사용자들도 사용하기가 쉽습니다.

또한 확장성도 좋습니다. 사용자들이 자신의 프로젝트에 맞게 기능을 확장할 수 있도록 제작된 유니티 엔진용 플러그인이 많이 있습니다. 세세한 조정을 통해 개발단계에서 작업의 효율을 높일 수 있는데, 엔진 구성요소를 직접 선택해 불필요한 요소를 적재하는 시간을 줄일 수 있고, 상대적으로 저사양의 개발환경에서도 원활한 작업이 가능합니다. 애플의 '앱스토어'와 비슷한 '에셋 스토어'가 있다는 것도 장점입니다. 각종 3D 모델과 음원 등 콘텐츠 개발에 필요한 모든 분야의 리소스, 스크립

트를 사용자들이 각자 올려서 서로 사고팔 수 있는 장터를 말합니다. 초보 개발자들이 많은 노동과 시간과 투입하지 않더라도 원하는 에셋을 구매함으로써 자신이 갖고 있는 아이디어를 구현할 수 있다는 장점이 있습니다.

모션 캡처 실시간 렌더링으로 디지털 휴먼 '사이렌'을 만드는 모습

영화를 좋아하는 친구들은 알겠지만, 〈아바타〉나 〈혹성탈출〉, 〈캣츠〉와 같은 영화에서 가상의 캐릭터는 모션 캡처를 통해 얼굴 표정과 걷는 모습 등을 촬영합니다. 모션 캡처는 자연스러운 몸짓을 만들어내기 위해 필요한 작업이죠. 첫 장에서 소개한 나연이의 가상현실 모습도 이렇게 모션 캡처를 통해 만들었죠. 자연스러운 얼굴 모습과 몸짓을 구현했으니 이제 가상의 캐릭터를 만들면 됩니다. 게임 엔진으로 사실성이 뛰어난 캐릭터를 만든 후에 모션 캡처한 것을 이 캐릭터의 움직이는 모습에 덮으면 됩니다. 배우가 짓는 표정을 가상의 캐릭터가 그대로 실시간 구현을 하니 감독은 모니터를 보면서 바로 확인할 수가 있죠. 감독이 원하는 그림을 얼마든지 만들 수 있으면서도, 시간과 비용을 줄일 수 있으니 현장에서 좋아할 수밖에 없겠죠?

▷ 언리얼 엔진과 유니티를 배우자

실감 콘텐츠를 얘기한다고 가상현실이나 혼합현실만 생

각할 필요는 없습니다. 여러분이 실사 영화에 관심이 있다면 영화를 찍는 데도 얼마든지 적용할 수 있습니다. 게임엔진은 특히 영화를 찍을 때 사전시각화를 의미하는 프리비즈(previsualization) 작업에 최적화돼 있다는 것도 큰 장점입니다. 프리비즈는 본격적인 작업에 들어가기 전에 시각효과 작업에 대해 정확한 계획을 세우고 점검하는 사전 작업을 말하는데, 아마 여러분이 잘 아는 스토리보드의 역할을 한다고 보면 될 것 같습니다.

프리비즈를 잘 만들어야 실제로·영상 촬영하는 데 시간과 비용을 줄일 수 있습니다. 영화 〈존 윅(John Wick: Chapter 3-Parabellum, 2019)〉의 프리비즈를 소개한 옆의 동영상을 보면 무슨 말인지 이해가 금방 갈 것입니다. 동영상에 나온 유리로 가득 찬 사무실은 대부분 유리로 실제 제작한 거대한 세트로 수십억 원의 비용이 들었다고 합니다. 만일 이러한 신을 찍는데 사전에 정교하게 만들어진 장소에서 연습을 하지 않았다면, 이렇게 비싸게 만든 세트를 몇 번이나 다시 지어야 했을지도 모릅니다.

게임 엔진으로 만든 VR로 디자인한 영화 세트(John Wick: Chapter 3-Parabellum)

제가 이 두 개의 게임 엔진을 소개하는 이유는 여러분이 관심만 있다면 꼭 배우기를 바라기 때문입니다. 물론 쉽지는 않습니다. 그리고 배우다 보면, C#과 자바 스크립트, C++ 등의 프로그래밍 언어를 배워야 할 필요성을 느낄 것입니다. 그러나 처음 시작할 때는 프로그래밍 언어를 모른다고 해도 배우는 데 큰 문제는 없습니다. 특히 초급자에게는 유니티를 권합니다. 유니티는 가벼운 에디터, 높은 활용도, 직관적인 인터페이스, 모바일 개발에 최적화된 기능적 장점, 멀티 플랫폼 지원, 사용자 친화적이어서 초보 개발자에게 적합합니다. 게다가 무료입니다. 유니티는 연간 수익이 10만 달러 이상일 경우에만 구독료를 내고, 언리얼 엔진 역시 수익을 창출할 시 분기당 제품별 3,000달러를 초과하는 총 수익에 대해서 5%의 인세를 내는 식으로 운영됩니다.

단언하건대, 앞으로 이 두 엔진의 활용도는 매우 높아질 것입니다. 게임 제작이나 영상 제작, 가상현실이나 혼합현실 등 다양한 콘텐츠를 만드는 데 중요한 도구가 될 것입니다. 이 책을 읽는 독자 여러분은 이런 분야에 관심이 많을 것으로 생각합니다. 미디어와 콘텐츠에 관심이 많은 여러분께서 이러한 프로그램을 꼭 배워서 여러분의 꿈을 이루는 데 소중한 도구로 활용하기 바랍니다.

PART 1

1 Smart, J.M., Cascio, J. & Paffendorf, J. (2007). Metaverse roadmap overview. CA: Acceleration Studies Foundation. http://www.metaverseroadmap.org/overview/index.html (Retrieved on July 15, 2021).

2 송원철, 정동훈 (2021). 메타버스 해석과 합리적 개념화. 〈정보화정책〉, 28권 3호, 3-22.

3 Stephenson, N. (1992). Snow Crash. New York: Bantam Books.

4 Gurrin, C., Smeaton, A. F., & Doherty, A. R. (2014). Lifelogging: Personal big data. Foundations and trends in information retrieval, 8(1), 1-125.

5 IBM. (2019). Digital twin: Bridging the physical-digital divide – Watson IoT blog. IBM Business Operations Blog. February 27. https://www.ibm.com/blogs/internet-of-things/iot-digital-twin-enablers/.

6 Negri, E. (2017). "A review of the roles of digital twin in CPS-based production systems". Procedia Manufacturing, 11, 939-948.

7 출처: 과학기술정보통신부 웹진.

8 출처: 송원철, 정동훈 (2021). Examining the Role of Emoji and Gender during Job Interview Training within Metaverse. 〈한국게임학회 논문지〉, 21권 6호, 51-62.

9 임영택(2019.06.18.), 에픽게임즈, "언리얼엔진 개발자 일자리 급증 '전망'", 매경게임진, http://game.mk.co.kr/view.php?year=2019&no=432551.

PART 2

10 Milgram, P., & Kishino, F.(1994). A taxonomy of mixed reality visual displays. IEICE TRANSACTIONS on Information and Systems,77(12), 1321-1329.

11 출처: The Weather Channel.

12 Charles W. Wyckoff. MARCH 1961. An Experimental Extended Response Film. Technical Report NO. B-321. Edgerton, Germeshausen & Grier, Inc., Boston, Massachusetts.

13 출처: https://link.springer.com/article/10.1007/s12652-019-01352-9/figures/2.

14 출처: https://www.nasa.gov/ames/spinoff/new_continent_of_ideas.

15 Azuma, R. T. (1997). A survey of augmented reality. Presence: Teleoperators and virtual environments,6(4), 355-385.

16 Caudell, T.P. & Mizell, D.W. (1992). Augmented reality: an application of heads-up display technology to manual manufacturing processes. Proceedings of the Twenty-Fifth Hawaii International Conference, vol.2, 659-669.

17 Gabor, D. (1972). Holography, 1948-1971. Science, 177(4046), 299-313.

PART 3

18 출처: CBS This Morning.

19 Minsky, M. (1980). Telepresence. Omni, 2(9), 44-52.

20 ISPR(2000). The Concept of Presence: Explication Statement. Retrieved January 5th, 2021 from https://smcsites.com/ispr.

21 출처: 아이맥스 홈페이지.

22 Daft, R. L., & Lengel, R. H. (1986). Organizational information requirements, media richness and structural design. Management science, 32(5), 554-571.

23 Steuer, J. (1992). Defining virtual reality: Dimensions determining telepresence. Journal of communication, 42(4), 73-93.

24 Lombard, M., & Snyder-Duch, J. (2001). Interactive advertising and presence: A framework. Journal of interactive Advertising, 1(2), 56-65.

25 출처: Suma, Clark, Krum, Finkelstein, Bolas, & Warte(2011)

26 Suma, E. A., Clark, S., Krum, D., Finkelstein, S., Bolas, M., & Warte, Z. (2011, March). Leveraging change blindness for redirection in virtual environments. In 2011 IEEE Virtual Reality Conference (pp. 159-166). IEEE.

27 Slater, M. & Usoh, M. (1994). Representation Systems, Perceptual Position and Presence in Virtual Environments. Presence-Teleoperators and Virtual Environments, 2(3), 221-234.

28 Slater, M. & Steed, A. (2000). A virtual presence counter. Presence-Teleoperators and Virtual Environments, 9(5), 413-434.

29 Kilteni, K., Bergstrom, I., & Slater, M. (2013). Drumming in immersive virtual reality: the body shapes the way we play. IEEE transactions on visualization and computer graphics, 19(4), 597-605.

30 Murray, C. D., Pettifer, S., Howard, T., Patchick, E. L., Caillette, F., Kulkarni, J., & Bamford, C. (2009). The treatment of phantom limb pain using immersive virtual reality: three case studies. Disability and Rehabilitation, 29. 1465-1469.

31 Ortiz-Catalan, M., Sander, N., Kristoffersen, M. B., Håkansson, B., & Brånemark, R. (2014). Treatment of phantom limb pain (PLP) based on augmented reality and gaming controlled by myoelectric pattern recognition: a case study of a chronic PLP patient. Frontiers in Neuroscience, 8(24). 1-7.

32 출처: https://www.youtube.com/watch?v=ek7JHGC-T4E

33 Shin, J. H., Kim, M. Y., Lee, J. Y., Jeon, Y. J., Kim, S., Lee, S., Seo, B., & Choi, Y. (2016). Effects of virtual reality-based rehabilitation on distal upper extremity function and health-related quality of life: a single-blinded,

randomized controlled trial. Journal of Neuroengineering and Rehabilitation, 13(1), 17.

PART 4

34 Mori, M., MacDorman, K. F., & Kageki, N. (2012). The uncanny valley [from the field]. IEEE Robotics & Automation Magazine, 19(2), 98-100.

35 출처: Neurable 홈페이지

36 출처: FoxNews

메타버스,
너 때는
말이야